未来生命通史

HOW NATURE IS FIGHTING BACK ON
A HUMAN-DOMINATED PLANET

[英] 克里斯·托马斯（Chris Thomas）◎著　张雪◎译

NHERITORS
OF THE EARTH

新世界出版社
NEW WORLD PRESS

北京版权保护中心引进书版权合同登记号：图字 01-2021-1626

图书在版编目（CIP）数据

未来生命通史 /（英）克里斯・托马斯著；张雪译
. -- 北京：新世界出版社，2022.5
书名原文：INHERITORS OF THE EARTH
ISBN 978-7-5104-7350-0

Ⅰ. ①未… Ⅱ. ①克… ②张… Ⅲ. ①未来学－通俗读物 Ⅳ. ① G303-49

中国版本图书馆 CIP 数据核字 (2021) 第 212316 号

未来生命通史

作　　者：[英] 克里斯・托马斯（Chris Thomas）
译　　者：张　雪
策　　划：中资海派
执行策划：黄　河　桂　林
责任编辑：秦彦杰
责任校对：宣　慧
责任印制：王宝根
出版发行：新世界出版社
网　　址：http：//www.nwp.cn
社　　址：北京西城区百万庄大街 24 号（100037）
发 行 部：（010）6899 5968（电话）　（010）6899 0635（电话）
总 编 室：（010）6899 5424（电话）　（010）6832 6679（传真）
版 权 部：+8610 6899 6306（电话）　nwpcd@sina.com（电邮）
印　　刷：深圳市精彩印联合印务有限公司
经　　销：新华书店
开　　本：787mm × 1092mm　1/16
字　　数：220 千字　　**印　张**：19
版　　次：2022 年 5 月第 1 版　　2022 年 5 月第 1 次印刷
书　　号：ISBN 978-7-5104-7350-0
定　　价：69.80 元

有些物种成功地利用了人类创造出的机会，

就像涓涓细流汇集成奔涌的激流。

与其在生态变化与进化趋异的长河中逆流而上，

我们更应该铭记前浪也曾是后浪。

献给

罗斯、爱丽丝、露西、杰克与海伦

《泰晤士报》书评

Inheritors of the earth

大自然何以在物种灭绝时代繁荣昌盛

马特・里德利（Matt Ridley）
牛津大学动物学博士、著名科普作家

人类会造成地球的毁灭吗？生物学家托马斯教授认为，人类的存在促进了生物多样性。

对于物种来说，人类是“麻烦”也是“福音”

人类若从地球上消失，会给野生动物带来什么影响呢？克里斯・托马斯教授称，那将是一连串的物种灭绝事件与大量生物的混杂，以至于沙袋鼠和长尾小鹦鹉霸占了英格兰，而兔子和麻雀在澳大利亚肆虐，这最终会导致地球上的物种数量翻倍，即“第6次生命起源”。这种说法事出有因：在此前的5次大灭绝发生后，生物多样性已经迅速丰富，而人类正在推动大规模的新物种形成过程。

在托马斯教授生活的英国，由于农耕、城镇、园艺的发展，气候变化以及有意的外来物种引进，现存的动植物要比一万年前丰富得多。“在人类影响下，几乎每个区域的物种数量都有所增加，并且将继续增加。”托马斯在喀麦隆、哥斯达黎加和巴西的热带森林中发现了同样的情况：人为干扰的净效应之一，就是生物多样性增加。

托马斯教授是约克大学的保护生物学教授和著名的生态学家，他的这本《未来生命通史》意义深远。本书文字流畅、思考缜密、论证理性，用案例研究巧妙地提出了令人震惊的差异化观点。他用乐观的笔触展现了人类纪的生物多样性发展，但对人类给生物带来的威胁并不讳言；他只是在提醒我们，不要忽视人类的存在给其他生命带来的益处。

一段时间以来，我一直在思考，人类虽然造成了许多物种的灭绝，但也一定正在促进许多物种的形成。我尚无勇气将这种想法宣之于口，担心受到“绿色思维警察”的指责。在最近一次去夏威夷看麻雀时，我突然想到，虽然它们和我在伦敦看到的麻雀几乎没什么不同，但因为地理隔离，它们必将成为一种新物种。正如六百万年前，一群在夏威夷群岛遭遇海难的亚洲燕雀已经变成了许多不同的蜜旋木雀物种，其中半数现已不幸灭绝。

托马斯具有我所缺乏的勇气。碰巧，他的书就是以麻雀开篇的。麻雀根本不是英国的本土动物。它们随人类一起自中亚地区而来，成了最早一批利用城市栖息地的鸟类。在意大利，它们与黑胸麻雀杂交并繁育出一种真实遗传的新物种——意大利麻雀，后者几乎与亲本物种实现了生殖隔离，即在鸟类名单上增加了一个新物种。在美国，麻雀因侵占本土蓝知更鸟的巢穴而受到迫害，但在英国却受到保护。英国的麻雀数量曾在20世纪八九十年代出现短期的缩减(现在已经逆转)，导致人们一度担心失去它们。这种矛盾的心态毫无意义——在这两个地方，它们都是人为助长的外来物种。

托马斯在书中记录了新物种的进化方式。在夏威夷的一座小岛上，来自澳大利亚的某种蟋蟀由于基因突变而在过去的几十年里一直保持“沉默”，因为一种北美寄生蝇会根据蟋蟀的交配鸣叫而对其进行捕食；还有一种果蝇以山楂果为食，其中一些成员转而开始食用苹果。后者正在进化成一个完全不同的物种，随之进化的还有三种寄生蜂——四个物种就这样进化成八个物种。那种认为进化发生得非常缓慢的旧观念正在被摒弃。“进化趋异和物种形成的生物过程并没有在人类纪时代被打破。这个过程已经进入了超速状态，我们已经创造出一个全球群岛、一个物种生成器。”

再者就是杂交。在美国，蓝莓果蝇和雪果果蝇是两个不同的物种，它们通过杂交形成了以非本土的忍冬为食的忍冬果蝇，而忍冬本身就是各种亚洲物种的杂交品种。在约克市的环岛中，生长着一种叫作约克千里光的独特物种，这种花是近年来人们用保存下来的种子将其从灭绝中拯救出来的，但约克千里光直到1979年才作为一个新物种诞生。

当时铁路使得牛津千里光（本身就是18世纪的一位植物学家由埃特纳火山采集而来的自然杂交品种）在全国各地传播，并出于某种原因与在约克生长的千里光发生了杂交。“过去的三百年里，英国出现了更多新的杂交植物物种，其数目比整个欧洲的灭绝物种数量还要多。”托马斯这样写道。如果你对杂交物种不屑一顾，请记住你可能也是其中之一，因为所有不具有非洲血统的人都有来自尼安德特人（欧洲人）或丹尼索瓦人（亚洲人）的基因。

自然变化进程，人类是否应该“积极管理”？

托马斯的论点在于，“人类必须适应并且促成直接的改变，而不是试图将世界维持在原有状态”。大自然比我们通常所认为的要活跃得多。物种四处迁移，稀有与常见交替发生。在英国的冰期沉积物中，你会经常发现如今只存在于中国西藏地区的甲虫遗骸，仿佛发生了时空穿梭一般。在加州海岸，蒙特利松树只能在几处小避难所苟延残喘，但在新西兰、智利、澳大利亚及其他地方却成为庞大的木材行业支柱。来自澳大利亚的蓝桉树遍布整个加州，云南樟的树林覆盖了阿尔卑斯山的马焦雷湖岸，喜马拉雅凤仙花在英国的河谷遍地开放。

至此，我开始与托马斯产生分歧。尽管他承认在南乔治亚岛消灭老鼠来拯救海鸟是一件好事，但他认为新西兰不应该，更不可能为了鸟类而消灭哺乳动物——这两种都不是本土动物，就让它们进化吧！诚如斯言，并非所有的外来物种都有害，但是考虑到人类应该积极地应对自然变化，或许他应该把消灭害虫作为这种应对手段的更优案例看待。

例如，在我的农场里有三个物种即将因美国物种入侵而消失，这实在让人难以袖手旁观：水鼠被水貂灭杀；本地小龙虾被北美淡水蟹侵占了生存空间；红松鼠被北美灰松鼠逼到无路可逃。所以只要有可能，我就捕捉水貂、北美淡水蟹和北美灰松鼠。在当时看来，这可能是一项徒劳且永无休止的任务，但从长远来看，运用新的基因技术可能会更容易。到目前为止，物种入侵是造成本地和全球物种灭绝的最大原因，其影响超过栖息地丧失或捕杀。

托马斯曾一时将中美洲丑角蛙灭绝的部分原因归咎于气候变化，而后又推翻自己的看法，称其灭绝归咎于一种从非洲传播到世界各地的真菌，其传播链部分借助于验孕试剂盒。在全球变暖这个话题上，他比大多数学者要全面、公正得多，例如，他承认“对这个气候愈发温暖且降水量略微增加的世界而言，预计很多地区——也许是大部分地区——的物种多样性能够增加”。

在英国，事实的确如此，新增加的嗜暖物种要比减少的嗜冷物种更多。奇怪的是，他没有提到全球绿化。全球绿色植被在过去的33年里持续扩张，其面积相当于美洲大陆的两倍，其中主要原因是大气中二氧化碳含量增加。在一本鼓呼人类对自然的干预成果的书中，这一点应值得一提。

托马斯在书中写道，“在时光推移中，我们很难理解某个特定的时刻为何应具有特殊意义”，这种说法也适用于气候变化。我们所处的地球经历过比当下更冷或更暖的时刻，但当下气候变化的速度比上一个冰河时代的末期要快得多。

常有人提到“天人相分”的观点，在关于自然世界的著作中也屡有提及，但托马斯在《未来生命通史》中提出了异议。他写道：“我们可能对一些起因于人类的变化感到不快，但它们仍然是自然界发生的事情。”在我们作为狩猎采集者而融入自然生态系统时，曾导致了部分物种的灭绝，尤其是大型哺乳动物和鸟类。五万年前，在人类出现的地方，猛犸象、巨型袋鼠、恐鸟、巨型麋鹿和大海雀等动物相继消失。而受到指摘的现代技术并不是问题所在，我们在18世纪以前造成的鸟类和哺乳动物灭绝数量是18世纪后的两倍。

托马斯认为，“把大自然看作一幅绘画大师的作品，一幅必须保持原貌的伟大作品”来对待，这是错误的。我们周围的变化，包括那些由我们造成的变化，无关好坏，只是变化而已。他说，环境保护和环境运动适逢其会，人类应该摆脱自我强加的限制以及对变化的恐惧，积极行动起来。

权威推荐

Inheritors of the earth

伊丽莎白·科尔伯特（Elizabeth Kolbert）

普利策奖得主，《大灭绝时代》作者

在本书中，克里斯·托马斯站在以百万年为周期的视角观察了这个现如今为人类所统治的星球，其中不乏深刻的洞见，以及让人耳目一新的、看似不现实却给人以希望的事实。

《泰晤士报》

一本非常重要的书。写作流畅，思考缜密，论证理性，用案例研究巧妙地提出了令人震惊的差异化观点。

《新科学家》杂志

本书集结了克里斯·托马斯在世界各地实地工作与考察的大量实例。显然，托马斯所追求的是更加高尚也更加乐观的现实。

《BBC 野生动物》杂志

《未来生命通史》是一部反悲观主义的、令人振奋的著作。

索尔·汉森（Thor Hanson）
《种子的胜利》作者

在这本书中，克里斯·托马斯向传统的自然观提出了挑战，他敦促我们接受已经开始的环境变化，大胆地提出人类活动最终将增加地球上生命的多样性这一观点。这是一本应景而又具有挑战传统观点的读物。

《卫报》

经过深思熟虑，充满了丰富的例子……这本引人入胜，具有启发性和重要意义的书描绘了地球上生命令人耳目一新的乐观图景。

《科学》杂志

全球变化的必然性要求人们在《未来生命通史》中找到新鲜的思维。

《泰晤士高等教育》杂志

一部迷人的著作。克里斯·托马斯研究了人与自然的关系，并对人类当前的境遇提出了更乐观的看法。他的观点丰富、及时、无惧挑战。书中还充满了全球不同生态系统的真实案例研究。

前　言

Inheritors of the earth

重新讲述“人类星球”生命的故事

人类真的是地球生物多样性的灾难吗?

约克山谷（The Vale of York）在生态上呈现出一片绝望之景。翻滚的云雾不断涌现，这是远处发电站的冷却塔排出的冷凝水汽，它们旋即便升到这片原野上方。小麦田、大麦田还有油菜田都消失在平直的地平线之后。耕犁和联合收割机缓慢驶去，留下轰隆隆的响声。过去在这方土地上，棕熊曾在原始森林里哼哧哼哧地细嗅着，野牛则在沼泽的泥浆里滚来滚去。此地是英国农田最为密集的地区之一，而英国也是欧洲人口最为稠密的国家之一。

然而，当我透过书房的窗户审视这片景观时，一片绿色的世界吸引了我的目光，点缀其间的鲜红罂粟花摇曳在微风中；红棕色的野鸡正昂首阔步，寻找掉落的种子；懒散的田鼠在草丛中窜来窜去；善于伪装的绿蚜虫为了吮吸鲜嫩叶脉里的汁液，正在争抢着位置，它们的天敌也正在四周徘徊，危险十足的小丑瓢虫正在毁灭这些绿蚜虫；红褐色的狐狸嗅到了野鸡的气味，这可是它们的美餐；在空中盘旋的茶隼注意着田鼠的一举一动；一排排头盔大小的鼹鼠丘暗示着地下生物的存在，落叶也在那里被微生物和真菌分解，满身沙砾的蠕虫被皮毛柔软的鼹鼠吃掉；池塘里，一只水鼠正钻到一团东爪草中。

人类时代，大自然在很多方面都应对得极好

这片显然遭过砍伐的山谷满是各色物种，而且其中许多物种都是环游世界的旅行者。小丑瓢虫的原产地是亚洲；小叶的东爪草来自塔斯马尼亚岛；罂粟则是由于无意中被混入谷物而从欧洲大陆传播过来；茶隼是主动来到这里的，砍伐后的森林更有助于抓捕啮齿动物。相反的是，在远古森林改造成农田的动荡时代里，挖地洞的鼹鼠得以存活下来，它们如今在路边绿地和茵茵草坪之下钻洞。尽管说这场生存游戏中的物种和栖息地因为人类存在的缘故已经发生变化，但是生物学的基础仍得以保留。

无论物种的起源地是哪里，对于植物来说，不管生长在农田、路边、水沟、栅篱、花园还是小树林中，它们依然会吸收太阳的能量并传递到叶片中，给世界一片绿意盎然；动物则以植物及其种子为食，转而又被其他动物捕杀、吃掉。腐烂的植物、动物还有动物的排泄物会作为养分得以循环利用，用于来年的生长。生命法则仍在延续，而如今的智人成了核心玩家。

这种情形比比皆是。常见的生物如风暴般占领这颗经由人类改造的星球，不管是如今安居在美国佛罗里达州、日本、苏门答腊、马达加斯加和澳大利亚的黄嘴印度八哥，还是最早生活在亚洲，后来遍布世界各大城市、乡镇及农庄的老鼠，抑或是澳大利亚的金合欢树，还有早前濒危而如今在非洲旷野生长的加州松树。此外还有上千种哺乳动物、鸟类以及植被，同时还有微生物、蠕虫、蜗牛、虾、

昆虫、鱼类、蟾蜍以及蜥蜴。有些物种成功地利用了人类创造出的机会[1]，就像涓涓细流般汇集成奔涌的激流。不过，成功者有多少，失败者就有多少。

我们理应对物种的灭绝感到痛心。地球的生物和物理进程已经承受了人类留下的无法抹去的痕迹——这就是越来越多的科学家把当今时代称为人类纪的原因。为了生产人类的食物，我们已经改造了世界上 1/3 的植被，留给野生动植物的空间则少之又少。人类已然改变了地球庞大的化学循环，且远超其历史范围，海洋发生酸化，整个地球的气候也随之改变，这一切都在威胁着那些无法适应环境的物种。绝大多数的大型陆生动物因遭到人类祖先的捕杀而走向灭亡，其他大型动物的灭绝则是因为人类把如饥似渴的捕食者和致命的病毒运送到了遥远的海岛上。

在幸存的物种中，13% 的鸟类、26% 的哺乳动物、31% 的仙人掌、33% 的造礁珊瑚和 42% 的两栖动物均在某种程度上遭到威胁[2]。一场生物大灭绝正在进行中，未来岌岌可危。因为这些缘由，人类甚至把自己形容为地球的灾难，看作地球生态界限的越界者。

不过在另一方面，人类周围依旧生活着大量物种，其中很多物种都得益于人类的存在。如果我说部分物种正在减少，但部分物种却在人类改造的世界里开枝散叶，你还会觉得生物多样性的未来会很糟糕吗？当然，意识到人类行为威胁地球的途径与方法至关重要，我也会强调众多物种的灭绝，包括已经发生的和如今持续上演的。然而在人类时代，大自然在很多方面都应对得极好。在地球生命的庞大生物学等式中，人类不应该忽视增益的一端。

“生物多样性衰退范式”是生态学家、环境保护论者以及环保人士群体中的主流观念，若我们将要得出的结论在某种程度与这一范式相悖，那么我们就要将所有的证据都纳入考虑范围，并对其进行广泛认识。故在此书中，我们将会开启一段环球之旅，去游览多样的大洲和远在天边的岛屿，参观那些过去花费我数十年心血开展研究的地方。（书中所涉及的海洋物种变化部分仅是一带而过，一来是为了将文字长度保持在可控范围内，二来是因为这部分内容并非我的专攻。）[3] 我们的旅程包括满是扁虱和水蛭的热带森林、寒冷刺骨的高山、外来物种泛滥的海洋群岛，还有人类食物生产的景观；每一处地区都有着独特的人类历史。

我还广泛采纳了科学文献中的深刻见解，这些文献均基于在世界范围内广泛开展的调查与研究而成。这一点十分重要，因为我们居住在全球化世界中，温室气体的排放会使世界各地的气候变暖；人类消耗的食物和使用的木材可能生长于地球的另一端；还有那些因人类而被运输到异国他乡的物种。我们需要真正的全球化视野来理解人类自身行为所带来的影响。

不仅如此，我们还需要将当今发生的变化置于恰当的历史背景之中，其所涵盖的时间跨度要远大于我们在日常生活中通常所想的那样。这一点十分必要，因为地球上芸芸众生所发生的故事都在永无休止地变化。也就是说，无论物种从某个特定地点出现又从某个特定地点消失（生态变化），抑或是经过长期形成的新物种和遭到灭绝的其他物种（进化变异）。因此我们会调查物种和生态系统面对人类活动所带来的影响会做出何种反应，其时间跨度从数年直至数千年。我们也会回顾和思考动植物的命运，因为它们经历过时间尺度从数十年到数十万年不等的冰期。

而且我们还将调查研究不同种类的动植物首次相遇的结果，就像数百万年前南北美洲大陆得以连接，剑齿虎、四牙乳齿象、骆驼和貘得以从北美洲进入南美洲，而南美大陆则栖息着袋狮、豪猪、巨型地懒和大量的犰狳一样。这件事所传达出的信息很明确：一些物种没能存活下去。但同样明确的是，世界上总是有幸存者，它们顽强地存活下来，横跨地表到达环境适宜的地方，还进化出全新的能力，凭此繁衍生息。直到今天皆是如此。

物种正在“人类纪公园”进化新的生活方式

在这趟时空之旅中，我们会有出乎意料的发现。巴西的沿海地区、墨西哥和喀麦隆的热带森林还有完全变样的不列颠群岛，我们在这些地方参观就会发现已经有大批新物种移居到混杂有耕地、牧场、绿篱、种植园、果园、伐林区、水沟和城镇的综合性景观中，只要还有充足的早期植物留存下来，为更敏感的物种充当庇护所，这些外来物种的出现速度要比原生地物种的消失速度更快。这些物种四处迁移，结果是在几乎全世界各个区域内的物种多样性都有所增加，其覆盖的区域面积大概有比利时或是美国佛蒙特州那么大。

此外，人类对农业的依赖意味着我们不再需要像祖先那样靠打猎来获取食物，因此，在北美洲和欧洲，野牛和其他大型哺乳动物的数量正开始回升；猎杀动物转变为动物保护，这样的文化转型在以上地方发展得最为彻底。气候变化也同样发挥着作用。多数物种喜热胜过于喜冷，所以说从整体来看，气候变暖将会在世界的众多地区增加生物物种的多样性。

各区域内的物种数量得以快速增加，这是人类在不经意间造成的结果。人类在 6 个大洲繁衍生息之时，也随之携带了各类物种，无论是马或河马，鸽子或巨蟒，抑或是龙虾和狮子鱼。人类就像全球化的胶水，将从前被隔离的生物世界黏合成一个“实质上的大陆”，即“新盘古大陆”。在这种情况下，我们在当代开始重新讲述地球生命故事的关键：成功存活下来的才是胜利者。在遥远的海岛上，我们能最为清晰地验证这一点：岛上引入的大鼠、猫、狗、白鼬，以及类人猿取代了被隔绝数百万年之久的无法飞行且易感疾病的鸟类和会行走的蝙蝠。

生活在大陆的食肉动物和疾病才是赢家，这和我们将在新西兰和其他地方发现的故事如出一辙。然而多数外来物种并不会取代其他物种，所以实际结果是现在岛屿上生存的物种数量要远多于过去。大陆上也是同样的情况，例如在南欧的阿尔卑斯山脉（Alps），山中森林里生长的乔木和灌木种类愈发丰富，那是因为比起本土物种消失的数量，在此建立起新种群的外来物种要更多。这才是常态，物种迁移通常会增加接受地物种的多样性。

长期来看，生物多样性的出现要归因于进化。如今在人类周围存在着丰富的物种，是因为有众多不同种类的微生物、植物以及动物在地球的历史进程中得到了进化而并非从此消亡。地球从形成至今已有 45 亿年，单细胞生物的存在也已经超过了 35 亿年，构造复杂的生物体从 6 亿年前开始迅速发展，陆地生物的多样化也已经持续了 4.5 亿年。

一般而言，生物物种的增加通常占上风，越发丰富的物种多样性看起来还会持续亿万年之久。比如现在物种灭绝程度较高时，意味着阻碍较大，但这最终会为有能力开拓新环境且具有进取精神的生物提供全新的机会。大自然从过去发生的生物大灭绝中重获新生，物种种类也再次得以丰富。这种事会再发生吗？我们生活在一个物种灭绝时代，但同时也获得了独一无二的机会去探索进化与人类影响之间是否存在着平衡。

答案似乎是肯定的。在全球范围内，一连串的快速进化势头正猛。我们能在美国见到存在于英国和欧洲草地上的蝴蝶；澳大利亚的蟋蟀如今生活在夏威夷群岛，它们正在人类改造过的世界中进化出新的生存方式。正如某些物种在当代蓬勃生长，某些具有独特基因的个体和基因本身也日益获得成功。

更令人瞩目的是，新的动植物物种正在形成，这是人类纪在进化方面的浓重一笔。事实上，在欧洲和北美洲，新型杂交植物物种的形成速度似乎比此前存在的植物物种的消亡速度更加迅速。不仅如此，那些经由人类运输到全世界的动植物正在获得的特征与其祖先的相似度逐渐减少，它们最终将会形成独立的物种。地球将面临新物种形成速度的迅速提升。待到 100 万年后再次回顾时，我们也许会注意到几百万新出现的物种，它们的存在都要归因于人类的活动。

与其在生态变化与进化趋异的潮流中逆流而上，我们更应该铭记前浪也曾是后浪。生命的故事融合进了物种的多样化与更新，成功存活的基因和物种才会赢得这场游戏。作为其中的一员，这场生态环境保护运动是时候该摆脱那些充满悲观主义、只看到物种灭亡的观点和看法。

我们为什么不能追求一个促进物种增加和避免物种灭亡同样具有合理性的世界呢？但在讨论这个问题之前，我们需要思考那些已经徐徐展开的成功者的故事，同时我们还要考虑为什么人类最终或许会增加地球生物的多样性。

目 录

Inheritors of the earth

第一部分 物种新生代

第二部分 生态变迁

第三部分　第 6 次生命起源

第四部分　人类纪公园

第一部分

物种新生代

NHERITORS

OF THE EARTH

从广泛的地理、历史、生态以及进化背景来看，生物界本就处于不断的变化之中。动态变化意味着我们正面临无法确定生物物种增减的未来——人类通常才是其中的根本原因。我们将要如何对待这个由人类改造的世界？我们通常默认的环保立场是尽可能保持原状，或是恢复到先前状态，实在不行的话也要把地球变得“更自然”一些。

世界人口数量持续增长，人类所消耗的资源也在增加，在这种情况下，“减少人类影响”的愿景实在不堪一击；不但如此，人类纪物种的不断增加还被坚守防线策略默许为不合乎期望的现象。这其中的逻辑在哪儿？为将生态系统和物种维持在某种理想状态而试图阻止“外来”物种的形成，并且还尝试消灭“不纯”的新型杂交物种，这是绝无可能的；而且我们也不能理所当然地认为，世界曾经的状况在客观上要优于正在形成的新状况。

我们需要对人类与自然界的关系重新进行理论说明：人类被看作是大自然的一部分，这是考虑到我们人类也同样进行了进化，而且地球各处都已被人类进行过改造。我们需要同自然的生物过程携手合作，而并非与之对抗。开始一场永无止息的战争毫无意义，这最终只会走向无法避免的失败。这种新思想观念能够让我们更加乐观地看待这一问题。尽管我们依旧要认识到有众多生物因人类而遭到灭亡，不过我们也要鉴别出生物也因人类改造过的环境而受益。但在这艘地球方舟上保留尽可能多的物种仍旧是人类环保工作的主要目标，因为这些物种以及从中进化而来的其他物种都是构筑未来生态系统的组成部分，它们将加剧未来的生物动态性。

第 1 章

物种“全球化”的急先锋——麻雀

家雀儿：一种厌倦野外生活的麻雀

里海东岸有一道向内陆蜿蜒而去的小径。滚滚尘埃让疲惫的旅行者的眼中闪烁着泪水。行过数英里后，远方仍是一片卡其色的世界。对地球人来说，亚洲大草原是个艰苦之地，这里只有枯草、矮树丛和破碎的土堤。

路旁，土堆干涸的裂缝中传来了吱吱的叫声。

“吱吱，吱吱。”这声音竟格外的熟悉。随后，一只灰黑、红褐色的小东西从朦胧的天空中出现，随着羽毛和尘土消失在裂缝中。接着传来一声尖锐、刺耳的叫声。现在正是大草原上的哺养时间。不一会，雏鸟吃饱了，一只麻雀现了身。难怪这叫声如此熟悉。

偏大的体型、暗淡的毛色说明这是一只巴克特里亚麻雀（Bactrian sparrow）。路边“骆驼出没”的标志上画着有两个驼峰的动物，意味着这里也是双峰驼的土地。春夏两季，这些麻雀生活在哈萨克斯坦南部、土库曼斯坦、乌兹别克斯坦，以及塔吉克斯坦和阿富汗北部的巴克特里亚平原东部的这片开阔土地上，同时也在这里抚养幼鸟。而后它们在冬季向南飞行，在巴基斯坦和印度北部的平原上寻找草籽和谷物，在次年春天又飞回北方，躲开印度烤箱般火热的夏天。这是一场自然循环，是野生鸟类为躲避北方的严冬和南方的酷夏所发生的迁徙。

为了寻找更多的食物，巴克特里亚麻雀偶尔也会勇敢地脱离这片不毛之地。在哈萨克斯坦的拜科努尔市场，人们会在夏天看到麻雀在当地货摊上偷吃谷物，冬天它们则出现在印度拉贾斯坦邦的乡村市场上。这可能就是故事的开始。在如今覆盖了印度北部、巴基斯坦、伊朗、伊拉克和叙利亚西部的这处条形地带，肥沃的山谷地形令农业首先发展起来，这里的野生麻雀和现在的巴克特里亚麻雀很相似，它们肯定是发现了在村庄里寻找食物要容易得多。

人类祖先培育出的大颗、美味的草籽一定十分诱人（这片地区也是小麦的起源之处）。与其从西亚、南亚的草原和半荒漠地区搜集零星的小颗种子，为什么不去城镇里，用一大堆丰厚的谷物填饱肚子呢？我们很容易想到，这些吃得饱饱的麻雀可以生存得更好，从而比荒野中的麻雀祖先繁殖出更多的幼鸟。如果村民们还在建造带有裂缝的新土堤——也就是麻雀窝的屋顶和墙壁，那为什么不在这里筑巢，而还要飞到几千米外寻找天然的裂缝呢？所以，可能是1万年前，一定有一群麻雀逐渐放弃了野生生活，搬进人类的城镇和村庄。麻雀从那时起就成了人类的伙伴。

天命已定，麻雀便从亚洲传播到世界各地，迁徙到人类盖下房子、撒下谷物、留下一袋袋无人看管的食物，还故意扔掉碎屑的地方[1]。野生的灰头麻雀有着奶灰色的胸部，黑色翅膀上带有橙褐色的条纹，这种外表帮它们融入了西亚地区的棕色地形、来到人类家中，成了我们所熟知的家雀儿。这些新家雀儿和那些还在亚洲大草原上飞来飞去寻找昆虫和种子的野生麻雀仍然是相同的生物学物种。在某些方面，家雀儿从未改变。它们继续为幼鸟寻找昆虫（通常在人类的院子和农田里），并为自己寻找草籽（人类称之为谷粒）。它们仍然生活在棕灰色的地方，即我们的城镇里。事实证明，土地上搭建起的农场、村庄、城镇和城市，这让整个世界更像是它们的亚洲故乡。它们很幸运。

人类与小小鸟，缘何爱恨纠葛 5 000 年？

几千年前，家雀儿征服了亚洲和欧洲，最终定居在从葡萄牙西部到中国东部、从斯里兰卡南部到挪威北部的村庄和城镇里。古埃及人、希腊人、罗马人和印第安人对家雀儿的熟悉程度证实了麻雀融入人类世界的时间之久。麻雀成了人类文化的一部分：麻雀是希腊爱神阿佛洛狄忒的祭品，麻雀繁盛而公开的交配行为让 6 世纪的印度科学家伐罗诃密希罗（Varahamihira）对其雄风充满钦佩。其他文化则认为麻雀的行为非常粗俗。在古埃及人的象形文字中，麻雀表示低劣、卑微。《马太福音》中则讲述了麻雀的价值之低，以至于两只麻雀才卖得上一枚罗马硬币。

在近代，英国女王伊丽莎白一世则在 1566 年颁布的法令中将麻雀列为害虫，并对英国境内的麻雀发布小额悬赏。在 18 世纪，麻雀是童谣中用弓箭杀死公鸡罗宾的大反派。1905 年，赞美诗作家马丁夫人（Civilla Martin）创作了《祂看顾麻雀》（*His Eye is on the Sparrow*），所谓“祂既看顾小麻雀，深知我必蒙眷佑”。人类与家雀儿的爱恨纠葛至少延续了 5 000 年，或许也数得上 1 万年。

完成亚欧大陆的探险后，麻雀的扩张便受到了阻挠。西有大西洋，南有印度洋和撒哈拉沙漠，这些距离远到难以飞越。如果要跟上迅速增长的世界人口，麻雀便需要帮助。幸运的是，机会就在眼前。19 世纪，纽约人尤金·席费林（Eugene Schieffelin）决定把莎士比亚作品中提到的每种不同的鸟类都带到北美洲。

为了实现目标，席费林认为当时所谓的“英格兰麻雀”将有助于控制新大陆的害虫。就因为麻雀偶尔会吃毛虫，它们就被带到了北美洲，以消除椴树蛾幼虫的“瘟疫”。麻雀并没有控制住毛虫，反而主要以掉落的谷物、人类的食物残渣以及当时堆满了纽约街头的马粪堆中翻出来的种子为食。1851 年至 19 世纪 80 年代末，美国 39 个州和加拿大 4 个省的至少 100 座城镇和城市都有了麻雀的身影[2]。

19 世纪，麻雀也被引入古巴和阿根廷，并迅速遍布美洲。人们在澳大利亚和新西兰放出麻雀，并将其带到南非和桑给巴尔，它们由此占领了撒哈拉以南的大多数其他国家。麻雀甚至到过横跨太平洋、印度洋和大西洋的偏远岛屿，它们有时是有意的旅行者，有时是无意的偷渡者。家雀儿成了真正的环球旅行家。这种在亚洲草原上十分常见、平平无奇的黄褐夹黑灰色小鸟，依靠着人类为其提供的交通、食物和家园，已经成为地球上分布最广的物种之一。它是世界上最成功的物种之一，人类改变地球后的最佳继承者。

人类和麻雀的密切联系一直延续至今，而且这种由来已久的爱恨交织仍然存在。我小时候的脏话都是在我父亲清理家里阻塞雨水管的麻雀窝时学来的。我帮父亲扶着梯子时，总有一大堆干草、羽毛、马鬃、纸屑和捆包绳撒在我头顶。爸爸极其讨厌麻雀，如果他知道英国现在的家雀儿数量只有我们 1967 年夏天清扫屋檐时的 1/3，他一定很开心。但是环保主义者和关心此事的公民却和 7 岁的我意见一致，都喜欢让麻雀在屋顶上筑巢。即使英国的家雀儿数量实际上已在 2000 年前后停止下降，但他们仍想保护麻雀；英国范围内仍然有超过 1 000 万只家雀儿，更何况世界范围内 5 亿的数量了[3]。

家雀儿是地球上分布最广的动物之一，如果我们要合理使用有限的动物保护经费，这是最不需要人类帮助的物种之一。人类对家雀儿的过分关注格外奇怪，毕竟环保主义者向来不善待外来物种，要不是人类在伦敦各郡创建起类似草原的环境，英国就不会有家雀儿了。但是麻雀的渊源甚久，我们显然已将其看作是需要保护的“本地种”。由政府、环保组织和大学资助的研究人员已然在耗时耗力诊断“问题”所在，这意味着英国更倾向于拥有更多的麻雀。更确切地说，由于这项工作的理由是家雀儿数量在 20 世纪 70 年代到 2000 年间减少了 2/3，所以“恰当的”家雀儿数量自然被大致等同于 20 世纪 70 年代的数量。选择任何时期作为比较都太过随意，要是选择 1 万年前的起始时期，英国“恰当的”家雀儿数量应该是零。人们对麻雀的狂热甚至不可阻拦地被纳入 1981 年更新的英国法律中，旨在保护所有野生鸟类。在伊丽莎白二世时期，故意杀死或伤害麻雀，移除正在使用中的麻雀巢穴都是违法行为。

这项研究表明，家雀儿数量在 20 世纪末出现下降的原因可能是掉落谷物和杂草种子的数量减少、城市地区缺乏昆虫食物来喂养幼鸟，也可能是现代建筑中没有合适的缝隙供鸟类筑巢[4]。城市环境越干净，麻雀就越少。解决方法也显而易见：喂鸟。喂鸟器的生意蒸蒸日上，人们甚至开始摆出昂贵的面包虫（甲虫幼虫），这样麻雀就能为无虫可吃的雏鸟提供丰富的蛋白质了。

公民和市政委员会已经开始安装人工巢穴。你可以选择购买传统木制巢箱、3D 打印巢箱、安置在房屋墙壁上提供筑巢区的空心砖或者 3 层的麻雀屋，为麻雀提供安全的避风港。人类对麻雀的爱似乎没有尽头。

与此同时，恨也绵延不绝。一个世纪前，职业作家、演讲家威廉·道森（William Dawson）把从英国将麻雀引进至美国这件事称之为“美国鸟类学史上最可悲的事件”——显然他并不是尤金·席费林的粉丝[5]。尽管欧洲的学者和环保主义者在努力增加麻雀的数量，但北美人士的想法却截然相反。你可以在网上订购防麻雀巢箱和“可反复使用的高级麻雀陷阱”。向希望驱逐外来客的市民们出售防麻雀装置，同时向欢迎麻雀入住的邻居们出售麻雀喂食器和筑巢箱，这无疑是项有利可图的生意！

在美国，麻雀侵犯了蓝知更鸟的“生存权”

在美国，麻雀被指控将美丽的本土蓝知更鸟从巢穴中驱逐出来、甚至将其杀死的罪名。正如密歇根州蓝知更鸟协会所说：

> 家雀儿是一种具有过度侵犯性的外来鸟类，它们偏爱和蓝知更鸟类似的栖息地和筑巢点。雄性麻雀尤其讨厌，它们不仅会杀死年幼的蓝知更鸟，还会杀死成鸟和破坏鸟卵。家雀儿必须被控制在放置有巢箱的栖息地，以确保蓝知更鸟筑巢成功[6]。

这听起来很可怕，但保护蓝知更鸟的意义斐然。蓝知更鸟有着亮丽的钴蓝色背部和头部、锈红色的下巴和胸部以及奶白色的柔软腹部，的确是极美的生物。但是，我们真的应该对麻雀实行死刑以惩罚它们给蓝知更鸟带来的不幸吗？

我们如果关心蓝知更鸟的未来，首先需要知道蓝知更鸟的数量是否如环保主义者所说的正在减少，以及麻雀是否为其原因。自1900年以来，美国的博物学家们一直在奥杜邦协会的圣诞节鸟类调查（Christmas Bird Count）中采用标准方法对蓝知更鸟以及其他本地物种的数量进行统计，麻雀的数量也自1951年起加入了统计。这些记录的结果与支持蓝知更鸟、反对麻雀团体所制造的恐慌相悖。奇怪的是，自1951年以来，麻雀的数量已经减少了2/3，状况与英国类似（可能也是出于类似的原因），而蓝知更鸟的数量却增加了将近一半[7]。

对圣诞节鸟类调查的深入分析表明，蓝知更鸟数量的变化并不受麻雀数量的影响，麻雀数量的变化也不受蓝知更鸟数量的影响。20 世纪 50 年代到本世纪初，蓝知更鸟数量的增加与麻雀数量的减少（尽管麻雀仍然比蓝知更鸟多）同时发生，这与两次投掷硬币后正反面各有一次朝上的概率完全一样。这并不奇怪。只有很少一部分被从巢穴中驱逐出来或者死亡的蓝知更鸟可能会归咎于麻雀，因为大多数蓝知更鸟生活在农村地区，它们长期受益于人类砍伐原始森林及开辟乡村的行为。近年来，部分地区的蓝知更鸟也受益于巢箱的部署。巢箱的部署可能还有助于部分地区蓝知更鸟数量的增长[8]。如果我们综合考虑过去的两个世纪，这两种鸟类都利用了与人类一起生活的优势。

人们为什么会误认为麻雀造成了他们臆想中蓝知更鸟的衰落呢？我们为什么不憎恨同样会驱逐或杀死蓝知更鸟的其他北美本土动物，包括白肚燕、啄木鸟、鹰、花栗鼠、松鼠和浣熊？尽管麻雀确实会杀害一些蓝知更鸟，但宠物猫也会这么做。这仅仅是因为麻雀身披邋遢的棕灰色外衣，而蓝知更鸟穿着迷人的红蓝色外套？还是因为麻雀正如密歇根州蓝知更鸟协会所言是“外来客”？

每每谈到环境保护问题时，人类经常把自己想得与众不同，想要成为自然界的仲裁者——但我们的立场总是左右摇摆。大自然没有绝对的正确。在西欧，人类宣称家雀儿是可爱的本地物种，尽管它们在此生活只是因为人类创造了它们赖以生存的城镇和农田。面对这种已在全世界达到数亿数量的物种，我们仍然想要更多。为什么不满足于现状呢？如果没有人类，家雀儿就不可能出现在北美洲，它们在这里可是被视为有害的外来物种。北美洲的理想状态是减少麻雀数量，或者根本没有麻雀。

相隔几千年，两个大陆上的故事大体相同，但人类的意见截然相反。面对人类世界的生物继承者之一，我们却陷入了窘境。然而，这就是人类现在的居住地，赢家和输家共同存在的居住地。

基因序列中蕴含着的起源秘密

我和父亲将麻雀从我家屋檐上赶走的那年夏天，我坐在威尼斯圣马可广场的一张石凳上，观察着站在我旁边的一只鸟。我忘记去欣赏石拱门和马赛克装饰的教堂，忘记参观吹制玻璃的表演，而把注意力转向了这只威尼斯麻雀。我撒下面包屑后，这只麻雀为了争夺食物冲撞了一群野鸽。我骄傲地翻着我的第一本《儿童鸟类指南》，努力去辨认这只麻雀。它和插图里的鸟都不甚相似，但我和母亲由其深棕色的头部断定它是一只不太寻常的黑胸麻雀（Spanish Sparrow，拉丁学名为 *Passer hispaniolensis*）。我很高兴自己可以在鸟类观察列表中添加一项新发现。等回到英国家中，在查阅了更完善的鸟类书籍后，我发现我们错了。在“家雀儿”（*Passer Domesticus*）的分类下，我找到了这些文字：“雄性意大利麻雀……繁殖羽颜色更鲜艳，头顶呈深栗色，面部及腹部更白。”[9] 那正是我们所看到的——一只意大利麻雀。1967 年，我恼怒地把观察列表上的“黑胸麻雀”划掉，甚至连“意大利麻雀”也不能添加。因为根据这本书，后者也是家雀儿的一种。

当我看着意大利麻雀啄食我撒下的饼干屑时，我并不知道麻雀的基因中蕴含着自身起源的秘密。正如人类的遗传“指纹”偶尔会在继承案件中用于鉴定亲生父母，对其起源有争议的物种祖先也可以进行分析。这样就能判断意大利麻雀到底是和黑胸麻雀更接近，还是和家雀儿更接近。为了找到答案，在将近 50 年后，我出发去拜访一个麻雀遗传学家团队。我穿过位于挪威首都奥斯陆的维格兰雕塑公园，一路遇到许多正在享受 10 月灿烂阳光的家雀儿和鸽子。它们正从来瞻仰雕塑大师古斯塔夫·维格兰（Gustav Vigeland）毕生作品的人类游客手中捡食。最终，我找到了奥斯陆大学（Universitetet i Oslo），和它著名的生态与综合进化中心大楼。门是开着的，所以我就走了进去，路过满是动物标本的橱柜。我没有看到接待处，便继续往前走，徘徊在标示不清的走廊上。我终于来到门口，敲了敲门。在那里，我见到了弹吉他、卷头发的格伦 - 彼得·瑟特（Glenn-Peter Sætre）、我以前的学生理查德·贝利（Richard Bailey）以及他们的几位同事[10]。格伦 - 彼得组建了一支名副其实的麻雀遗传学家团队，他们试图探究家雀儿的历史以及意大利麻雀的遗传族源[11]。

他们发现了独特的基因序列，其中一些只存在于黑胸麻雀中，而另一些则只存在于家雀儿中，显然这是两个独立的物种。这结果很有趣，但并不意外。家雀儿起源于亚洲，而黑胸麻雀主要生活在欧洲。令人惊讶的是意大利麻雀的分析结果。原来，意大利麻雀携带有黑胸麻雀和家雀儿的古老的基因混合。唯一合理的解释就是这是个杂交种。格伦 - 彼得及其同事们猜想，几千年前家雀儿随着乡村和农业的发展而扩散到南亚，并与黑胸麻雀相遇。尽管黑胸麻雀的名字很现代，但它广泛存在于整个地中海地区，并不局限于西班牙，在家雀儿出现之前，人们一定是在意大利半岛的部分地区找到黑胸麻雀的。这两种麻雀的杂交种是具有生育能力的，于是繁衍出了意大利麻雀，后者在家雀儿体色的基础上还具有黑胸麻雀的栗褐色头顶和白色眉毛。一种新的遗传种就此形成。

这个结果本身并没有告诉我们，是该像我和母亲曾经以为的那样把意大利麻雀看作黑胸麻雀的变种，还是该按照鸟类书籍的说法把它看作家雀儿的一种，抑或是看作一种单独的麻雀物种。无论如何，我们都需要更多的工作来进行鉴别。格伦 - 彼得和他的基因学家团队发现，尽管它们之间在阿尔卑斯山山麓地区仍然会发生一些调情行为，意大利麻雀几乎从未和黑胸麻雀进行过种族内交配，与家雀儿也有种族上的差异。意大利麻雀是一种新物种，是一种独立且可以从遗传学角度进行自我延续的物种。

生物学家通常认为，新物种需要数十万乃至数百万年才能进化形成。然而，意大利麻雀的确是在 8 000 多年前意大利半岛开始形成农业耕作以及先前的亚洲家雀儿生活在这片区域后才出现的[12]。这太令人震惊了。城市鸽、东方知更鸟、家雀儿和树麻雀的扩张同样令人印象深刻，曾经存在过的许多物种正受益于人类给世界带来的变化。但是意大利麻雀有些不同。它是一种起源于人类时代的全新物种，我们对此负有直接责任。这个物种的存在只是因为人类创造了城镇、村庄和农田，使得亚洲家麻雀得以传播并与黑胸麻雀相遇，从而产生了新的杂交种。此外，人类创造了意大利麻雀如今赖以生存的所有的城市和农业栖息地。因为家雀儿和黑胸麻雀的杂交必须首先发生在一个繁殖季节，所以意大利麻雀的出生将会非常迅速。分离很可能在几百代内就完成了，而且可能只需要几十年，这至少要比我们对进化的“传统”理解所预期得快 1 000 倍。可以说这是一个新物种的瞬时生物起源。

人类不仅改变了世界的生态，使得家雀儿能够传播到世界各地，人类甚至还改变了进化的轨迹。

外来物种冒失地与本土物种“发生杂交”后……

身处这些变化之中，我们的态度却未能跟上现代世界的现状。一方面新闻中满是各种人们正在造成物种流失、正在改变地球的故事。正如我提到的，2016 年 12 月的新闻充斥着人类损害世界生物多样性的故事：气候变化正在导致野生动物种群的灭绝；包括长颈鹿在内的所有哺乳动物有 7% 正受到偷猎的危害；最近发现的 13 种鸟类已经灭绝；墨西哥的小头鼠海豚因会溺死在渔网中而濒临灭绝；地中海地区的半数鲨鱼和鳐鱼物种正濒临灭绝；塑料威胁着整个海洋生物世界[13]。斯坦福大学的教授保罗·埃利希(Paul Ehrlich)总结道："我们基本上是在毁灭地球上的生命。"[14] 每年都有数千条坏消息轰炸着我们，所以我们总是试图去反击。对人类来说，尝试阻止气候变化、预防非持续性狩猎和捕鱼以及避免环境污染是正确和适当的做法。

另一方面，我们常常对人类时代的生物学成果感到矛盾甚至是敌视。当成功的物种出现在新地点时，我们抵抗它们的到来。同样搜索最新的新闻就能发现有超过 100 份报道都在强调哺乳动物、昆虫、蜗牛、贻贝、蠕虫和植物等物种生活在此前没有出现过的大陆、国家或栖息地所带来的"负面影响"。我们宣称这些物种出现在了"错误的"地区，但这些案例几乎都可以改写为生物学上的成功故事。当前，这些物种都要比过去的数量更多、分布更加广泛。

当成功的"外来"物种冒失地与"本土"物种发生杂交时，我们的看法则尤其悲观。例如，欧盟委员会、英国政府和皇家鸟类保护协会等都在近期支持消灭"外来的"美国棕硬尾鸭，这种红鸭于 20 世纪从英国野禽收藏处逃脱，并分布到欧洲大陆。红鸭可以和更稀有的"本土"欧亚白头硬尾鸭杂交，所以保护组织一致认为应当杀死欧洲范围内的所有红鸭和杂交鸭[15]。在这个地区，杂交种被视为有害物种。

同样，生活在世界另一端的斑长脚鹬是一种尖嘴、黑白相间的优雅鸟类，它们用粉红色的长腿在水中跋涉，寻找美味的昆虫。斑长脚鹬在 19 世纪早期从澳大利亚途经塔斯曼海移居到新西兰。然而，根据新西兰自然保护部（New Zealand Department of Conservation）和国际自然保护联盟（International Union for the Conservation of Nature）的统计，斑长脚鹬对新西兰本土的黑长脚鹬存在着遗传威胁。尽管黑长脚鹬数量下降的主要原因是白鼬及其他引入哺乳动物的捕食，而不是杂交，但杂交的长脚鹬仍“受到了控制”[16]。鉴于引入的食肉动物对黑长脚鹬的威胁最大，如果杂交所提供的遗传优势能令杂交种更好地躲避捕食者，那么杂交带来的长期影响显然是有益的。但是，黑白相间的杂交种显然“不够纯正”，所以必须把它们清除掉。如果新西兰的“纯黑色”长脚鹬灭绝了，那将是一场全国性的灾难[17]。

人类对于近期生物入侵及随后发生的杂交现象的反应表明，如果意大利麻雀是在过去几年内开始出现并且取代黑胸麻雀而传播开来，我们极有可能会“尽力”消灭邪恶的亚洲家雀儿，我们的枪口也会对准新来的意大利杂交麻雀。我们很难看出喜欢意大利麻雀的逻辑所在，这些麻雀是地球生命史中极其年轻的杂交物种，但我们却对其他起源更近的杂交物种表示敌对。从地球的生命望远镜来看，这些事件几乎都发生在同一时间。它们都有相同的根本原因：人类。

我们不得不承认，世界不可能不存在变化。因为人类参与其中，所以我们会因观察到的所有转变，包括新的生物学成就而赋有消极责任感。我们会因为某种动物或植物不按照期望出现而感到困惑，并且因为从人类的角度来看，无法单纯地判断物种的好坏而再次感到困惑。家雀儿当然是好坏掺半。它们确实会在人类的屋顶筑巢、堵塞水沟、吃掉庄稼、把粪便留在储粮中和窗台上，携带禽类疾病并将其他鸟类赶出巢穴，有时确实还会啄死它们的竞争者。但是家雀儿也会吃些害虫和杂草种子。

有时，我们也把家雀儿当作食物吃。家雀儿也在逗乐我们。换句话说，家雀儿与其他鸟类非常相似，只是它们与人类的关系格外密切。不管存在了多久，它们都会在世界上的任何地方做同样的事。家雀儿出现得越晚、离物种起源越远，人类将它们赶到偏远地区的干预程度就越大，我们就越能指出它们存在的危害。但是这忽略了一个事实，即家雀儿的行为非常类似，无论生活在何处，它们都会对人类及其他物种产生类似的影响。这些不同的观点，更像是人类的偏见。

无论我们的个人观点如何，这些麻雀在现代世界都是非常成功的。这就引出了一个重要的问题。它们是否是地球生命开始走上新道路，应对并适应人类影响的更广泛现象的一部分？

本书接下来的部分将会逐渐为你揭示“正确”的答案。海量的物种正在人类造成变化的世界中繁衍生息，我们甚至可能激发新物种的大规模多样化。令人遗憾的是，当今确实有许多动植物终止了演化进程，但是对于其他动植物而言，这也代表着一个崭新的机会。

家雀儿（上）与意大利麻雀（下）的区别在于，两种麻雀头顶羽毛颜色不同，且后者的下颚更为平滑。

树麻雀在婆罗洲丹浓谷的丛林小屋里“扫荡”盘子里的剩菜。

树麻雀的头侧有黑斑，这种麻雀在亚洲也有分布，并已成为东南亚热带地区城市及乡村的“常客”。

第二部分 生态变迁

INHERITORS OF THE EARTH

麻雀提醒了我们，生物物种正在利用人类提供的各种新机会。就生态学而言，麻雀是十分成功的，因为在人类出现后，它们的数量变得更多、可栖息地也在扩大。麻雀也发生了演化——杂交的意大利麻雀已经诞生，为世界生物多样性增添了新物种。生态变化和演化变化都十分重要。生态学上的成功决定了短期内与人类共同生活的物种，而演化上的成功则改变了地球生命今后的方向。我将分别在第二部分和第三部分内容中讨论生态学成功以及人类改变世界所带来的演化响应。

为了调查像麻雀这样的机会主义者是否常见，我选择了 4 种对世界陆地生物多样性极其重要的人为因素，并将依次进行探讨。这些行为包括为制作食物及其他产品而杀害动物（第 2 章）、为了给农业和城市腾出空间而破坏栖息地（第 3 章）、气候变化（第 4 章）以及生物物种被运送到新地点后发生的生物入侵（第 5 章）。以上是目前已知的陆地生物多样性的四大威胁，但我们将见证它们所带来的意想不到的机会。

地球上的成功物种实在是太多了，无法一一列出，所以我有意挑选了来自世界各地的不同案例，以证明生物学成果的确具有全球性。然而，我们需要更广泛地评估生物多样性的变化趋势，来完善这些案例研究。生物多样性是在增多还是减少？如果我们要计算地球上物种种类的话,答案无疑是减少了。正如我在前言中提到的,“灭绝危机”是真实存在的,我稍后会再提到这一点。我在这本书中所阐述的内容,并没有与我们正在失去人类出现之前就存在的诸多物种这一事实冲突。

然而,在某个特定的地区、城市、省份或国家,多样性的减少并不明显。动植物确实在不断消失,但新移民也会将新物种引入到各个地区,从而保持了平衡。在得出生物多样性是在增多还是减少的结论之前,我们需要列举出这些附加因素。因此,让我们慎重地思考人类是如何改变地球的,再来总结其中的得与失吧。

第 2 章

人与动植物，到底谁“驯化”了谁？

大象：要不是人类，我们早遍布地球了

在走上这条满是水蛭的森林小路 10 分钟后，远处突然传来一声碰撞声。可能是一只猩猩吧。接着是一阵连续的碰撞声，空气中传来一股霉味。我想，那大概是野猪吧。然后，在一桩巨大的树墩旁，我看见了 3 头异常巨大的身影，它们正用鼻子卷食着野生姜和果子：这是侏儒象。

尽管名叫侏儒，这头雌象仍有大约两米高、几吨重，它踏在沼泽地上，便会留下盘子大小的水坑。它的大女儿已经肩高一米半了。它们尽管比我在婆罗洲北部的丹浓谷保护区里见过的印度侏儒象要略小一些，但仍然是地球上最重的动物之一。而且我面前有不止 3 头。这些大象竟然完全被灌木丛挡住了，当它们试图挤过植被中比大象略小的缝隙时，一阵阵的撞击才令我发现它们。

下一声撞击离我更近了。一头更加巨大的雌象径直向我走来，完全忽略了我的存在。此时，我意识到自己离开家里时还没有完成“在热带雨林中遇到一群大象该怎么办”的健康安全培训课程。我靠近几棵大树，想着自己可能会比一头 3 吨重的长鼻类动物更灵巧些，并且希望这几棵树能承受住它们的重量，但完全不确定这两种假设哪个更靠谱一些。

在大象离我 15 米远时，我咳嗽了一声，以便它意识到我的存在。如果它走到我旁边时才注意到我的话就太危险了。它只是抬起头、扇动着耳朵，但继续向我走来，或许以为我是象群里的一员，或许觉得我不值得关注。距离 10 米远时，我又咳嗽了一声。肾上腺素开始在大象和人类的血管里飙升。它差点儿跳了起来，然后跑开了：一头重到不怎么能离开地面的大象可以跑着穿越茂密的灌木丛。

我意识到，自己应该回到丹浓谷野外观测站喝杯清爽的饮料，平静一下情绪。一回到安全地带，我就被欧亚树麻雀吸引了注意力，这些树麻雀在这处偏远站点安了家，在人造的麻雀绿洲周围都是不适合它们居住的丛林地带。树麻雀正从板条窗中跳进食堂，在早饭后堆起来的盘子里捡拾零碎的食物。由于人类的存在，这种起源于亚洲冷温带的小鸟生活的地方，离我刚刚看到一群森林大象的地方竟有步行 10 分钟的距离。这不是大自然原本的样子。

我此前唯一一次遇到野生大象是在南非的匹林斯堡国家公园，当时它们正在路中间召开家族聚会，我们不仅被挡住了路，还面临着被困在小汽车里过夜的风险。如果我们无法在日落前到达营地，就要被关在外面了。这些庞然大物已经见惯了这种场面，毕竟游客们每天都会出现。它们对此毫不在意，一会儿便缓缓走进了金合欢树林中，我们便加速朝着没有狮子的坚固驻地驶去。这更像是野生动物纪录片或是旅游手册中的大象——非洲象在点缀着零星树木的棕色热带草原上拍打着耳朵，大卫·爱登堡（David Attenborough）随时有可能从灌木丛后出现。

这两次偶遇形成了鲜明的对比。其中一群大象成群结队地穿过一片高耸、翠绿的热带森林，而另一群大象则漫步在点缀着矮小金合欢树的炙热的非洲草原上。事实上，大象可以生活在近乎沙漠的环境中，也可以生活在刚果盆地潮湿的雨林中。问题就这样出现了。如果大象能生活在如此迥异的环境中，为什么它们却没有遍布全球呢？

事实上，大象曾经分布十分广泛。各种各样的象形动物曾横跨地球的大部分陆地，直到最近（从生态学和演化的角度来看），远古的人类家族才将其狩猎至灭绝。大象可以为整个群体提供食物、有用的皮肤、毛皮（猛犸象）以及建造小型建筑和制造工具所用的骨头和象牙。

如今人类仍然猎杀大象，因为它们是危险动物。我很难得到确切的数字，但是国家地理频道的纪录片《大象之怒》（*Elephant Rage*）曾报道，每年大约有 500 人死于大象的袭击。在繁殖季节处于“狂暴”状态的雄象会一反日常生活中的状态，所以匹林斯堡国家公园被高耸的电栅栏围起来不是没有道理的。但栅栏主要是为了保护大象，它们四处游荡，炫耀着价值连城的长牙。这些象牙在本质上和人类的牙一样，但在至少 3 万年来一直被用来制作珠宝和装饰品。偷猎者杀死大象、砍掉象牙，犯罪团伙再将其运到有购买需求的地方，大部分都在东亚[1]。这是一场人类与大象之间的殊死搏斗，但胜算并不平等：近年来被人类杀死的大象至少是大象杀死人类的 50 倍[2]。更糟糕的是，人类杀死大象的速度比大象的繁殖速度更快。难怪大象快从世界上消失了。

值得注意的是，仍有大象幸存下来——尽管我们仍不清楚，非洲象和印度象为什么在其他大象消失后仍然存在。非洲象因为起初就与猿类生活在一起而具有优势，它们可能逐渐演化出逃跑或战斗的能力，从而能够应付以棍棒和石头为武器的狩猎团队。这或许也能解释，在现代人类出现之前，印度象或亚洲象就已经与原始人类并存了 100 万年甚至更久的事实。但我们至今无法解释，在欧洲和亚洲的其他大象全部灭绝后印度象仍幸存下来的原因。

随着近几千年来现代人类文明的发展，大象得以继续生存要归功于另外两次历史事件。在非洲，大象受到舌蝇（一种以血液为食的类似马蝇的昆虫）的保护。舌蝇的叮咬会传播锥虫，把昏睡病传给人类、把非洲锥虫病和伊氏锥虫病传给牲畜——这两种疾病会令牛、骆驼和马丧失活动能力，令猪、绵羊和山羊饱受折磨。据估计，撒哈拉南部地区每年有4.8万人死于昏睡病，家畜的损失还要大得多。这种双重攻击阻碍了牧民的发展，也减少了混合式放牧系统对大象及其他大型哺乳动物生存地区的侵占[3]。但相比之下，大象坚韧的皮肤足以阻隔大多数舌蝇，也足以抵抗锥虫，从而在舌蝇分布的地区存活下来。

与此同时，印度象只作为役畜存活在印度、斯里兰卡、泰国及东南亚。它们是战斗了两千多年的战争坦克、是农林业的重型起重机械、是建筑业的热血卡车和推土机。野生或者至少是半野生，种群继续存活下来，部分原因是捕获并训练年幼的野生大象要比圈养公象并饲养后代更加实际。如今，印度象比非洲象的生存情况更好，因为前者继续被用来拖运木材，并且在文化节日和宗教仪式中占据重要地位，同时也被当作游客的观光平台。但是还有另外一个原因。雌性印度象和部分雄性印度象没有象牙。对于象牙偷猎者而言，印度象的利润远远低于非洲象。

人类将其他地区的大象赶尽杀绝。最近，在史密森学会的植物研讨会上，我甚至就坐在一头死象旁边。这头特殊的非洲象正在国家自然历史博物馆里被一群正在享受会议晚宴的科学家和自然保护主义者观赏。

一只被填制成标本的秃鹫被永远地定格在飞行中，悬挂在博物馆圆形大厅的杆子上。这头不会眨眼的大象一动不动地向上看着；邻近的大厅里挤满了它死去的亲戚。一具庞大的美国乳齿象骨骼提醒我们，在人类出现之前，漫步在博物馆墙外的华盛顿国家广场上将是截然不同的经历。这头特殊的象族成员有着坚硬的獠牙，身披厚长毛以抵御北美冬天的寒冷，它们曾经从美国国会大厦漫步到林肯纪念堂，在附近的波托马克沼泽中打滚。这片原始景观已经被草坪、树木、亚洲家雀儿、北美家雀儿所取代。来自非洲的人类塞满了乳齿象曾缓缓走过的地方。

当现代人类开始屠杀大象时，世界上有超过 20 种不同种类的大象。除了我们今天所认识的大象，还有猛犸象、乳齿象、嵌齿象和剑齿象，它们都有着长长的鼻子和令人印象深刻的獠牙。现在只有 3 种大象存活了下来[4]。非洲象或者说草原象曾经居住在非洲大陆的大部分地区，从地中海海岸到好望角都有分布，现在却被限制在公园和狩猎保护区里，依靠电栅栏和武装警卫而免遭狩猎者侵袭。更加罕见的非洲森林象处境更糟，它们栖息在刚果盆地的潮湿丛林中。而曾经从地中海附近到中国太平洋沿岸都有广泛分布的亚洲象，现在仅在印度到婆罗洲之间的少量飞地上仍有存在。这 3 种大象的数量都大大减少了，但它们仍旧是幸运的。

重达 7 吨的直獠牙大象曾经生活在欧洲各地。大象和河马会栖息在亚得里亚海北部边缘的沼泽中，现在已经被威尼斯及其人类世的成功故事所取代：意大利麻雀、野生岩鸽，当然，还有老鼠。在冰河时代，因当时水位较低，有些大象到达了地中海的岛屿上，并在那里演化成同类的小型版本。马耳他和西西里岛有一种矮型物种。塞浦路斯也有一种仅有 1 米高的大象，这才是真正的侏儒象。如果它们能存活下来，地中海海滩会更能吸引日光浴游客。

我们可以把猛犸象也加入到印度象的亲属名单中。猛犸象包括生活在亚洲北部和北美洲的毛猛犸（它们身披红褐色的毛皮大衣、有着弓形的象牙，是经典的猛犸动画形象）以及生活在北美洲南部和中美洲部分地区的哥伦比亚猛犸。和欧洲象一样，生活在岛上的猛犸象种群更容易演化出小型品种。其中一个侏儒种居住在加利福尼亚附近的海峡群岛，其他小型象则被困在地中海的克里特岛和撒丁岛上。同时，人们从洪都拉斯到阿拉斯加、从佛罗里达州到加利福尼亚都发现了美洲乳齿象化石。新大陆的其他地区，即从墨西哥到阿根廷，至少还存在 3 种，甚至是 5 种古代嵌齿象。这些嵌齿象看起来不太像现代大象，其特征是下颚突出、牙齿伸展。

数目最多的可能是 10 吨重的亚洲剑齿象，其肩高 4 米，分布范围西至巴基斯坦、东至日本、北至中国、南至印度尼西亚。我们目前还不清楚究竟曾有多少种剑齿象存在，或者其中哪一些（在人类走出非洲的几次殖民浪潮中）被人类消灭了。至少一种曾经遍布大陆的物种消失了，还有一只侏儒剑齿象和侏儒人类一起生活在弗洛雷斯岛上，这头大象一直存活到约 1.2 万年前。日本、菲律宾以及东帝汶、苏拉威西岛和印度尼西亚其他岛屿均有其他灭绝种类的报告。

综合来看，除去最干旱的沙漠和最高的山脉，至少有 1 种大象曾经存在于世界上几乎所有的陆地上（如果我们排除大象永远无法抵达的澳大利亚、南极洲和海洋岛屿的话）。它们都是被人类杀死的[5]。世界上“自然”的前人类状态就是大象几乎遍布各处，如果没有类人猿的崛起，它们将仍然存在。

聪明的狩猎者与不幸灭绝的猎物

只需轻轻一碰，装置就被触发了。哐的一声，一根极其致密的木头倒下来，足以把貘困在两排绑起来的倾斜的柱子之间，防止貘从另一边逃走。这两排柱子是沿着它觅食的轨迹排放的，最终将这头0.25吨重的巴西貘引向死亡。如果当时没被砸扁，它就只能无助地困在那里，直到长矛武装的瓜拉尼猎人返回来完成自己的狩猎任务。

幸运的是，我们在阿根廷伊瓜苏地区的大西洋森林向导加布里埃尔（Gabriel）并没有挥舞长矛，而且陷阱里也没有貘。他只是简单地展示了南美洲现存最大的哺乳动物是如何被一个人捕获并杀死的。然后，他津津有味地继续演示着其他的陷阱和圈套，一些圈套里放好了水果来引诱猎鸟进入木制的断头台，另一些笼式陷阱则针对猎物进行了定制，最后还有来自地狱的死亡装置——美洲虎在捕食猎物时会触发装置，不幸落入一堆长钉上。我的妹妹菲利帕（Philippa）被吓得倒抽一口冷气。她和我妻子海伦（Helen）本是来欣赏伊瓜苏瀑布的壮丽景色的，现在却在接受着取人性命的技术指导。

这是个启示。我们很容易从中看出，只需几个人来操作，放大版的陷阱便可用来捕捉甚至是大象般的大型动物。而类似的美洲虎陷阱可能已经刺穿了早已灭绝、长着锐利长牙的剑齿虎——剑齿虎比美洲虎重4倍，它本应在猎物消失后才会发生数量上的减少，但这一切由于人类的狩猎而提前了。这些陷阱并不一定能马上杀死这些大型动物，但它们能将猎物困住足够长的时间，以便全副武装的猎人来完成任务。

一万多年前，当加布里埃尔的祖先遍布美洲并遇到了以前从未见过人类的大型动物时，类似的石器时代技术很有可能为其所用。木制的陷阱和沉重的横梁可能是用石斧砍的；绳索、绊网和绞索是由藤本植物、纤维和编织纤维制成的；长矛和箭头则是用烧硬的木头和光滑的石头做成的，用来了结挣扎中的动物。

这些都是简单的技术，却有着致命的效果。这些技术完全不像好莱坞电影中一样，需要肌肉发达的石器时代猎人与野兽进行殊死搏斗。我们星球上最伟大的动物是靠智力而不是体力来进行狩猎的。

要不是石器时代的猎人和捕兽者，我们今天就能在阿根廷开启野生动物狩猎之旅，有嵌齿象和大地懒，还有汽车般大小的犰狳和类似无角犀牛的箭齿兽。在邻近布宜诺斯艾利斯的卢汉地区，单这一处的 13 种不同种类的哺乳动物的平均体重就超过了 1 吨[6]。而相比之下，整个非洲大陆上吨级别的哺乳动物只有两种大象、河马、白犀牛、黑犀牛和 4 种长颈鹿[7]。南美洲的观赏感受会更加壮观，但却并非独一无二。无论你在世界上何处读这本书，你在古代都会被一群令人印象深刻的大型动物所包围。

新西兰的森林失去了 3 米高的巨鸟，澳大利亚的内陆地区不再拥有 2 吨重的有袋动物。马达加斯加庞大的“象鸟”和最重的狐猴也消失了。在北美的记忆之旅中，拉布雷亚沥青坑如今已被洛杉矶的城区包围，那里离好莱坞的日落大道也只有几个街区。这是一处以死亡为主题的前人类动物陷阱，但生物学家却将其视若珍宝。大量的远古动物陷入了黏附着原油和沥青的地质渗漏中，随后，前来取食的捕食者和腐食者也遭遇了同样的命运。

保存在黏胶中的这一系列不幸的动物及其捕食者的名单读起来就像一本科幻小说：美国乳齿象、哥伦比亚猛犸、墨西哥马、加利福尼亚貘、三种不同的地懒、美国骆驼、大头骆驼、巨型野猪、大量的短脸熊、可怕的狼、有着弯刀尖牙的剑齿虎、猎豹般奔跑的猫科动物以及美洲狮[8]。这一切都曾是真实的。一万多年前移民到加州的聪明人以绝对优势取胜了。

在地质学的时间尺度上，这些灭绝几乎是瞬间发生的，但这段时间也足以让行凶者发现它们的消失。尽管智人拥有发达的大脑，但他们忘记的事情更多。大多数文化知识都无法传递超过几代人。人类祖先遗弃的一小块骨头残骸给我们留下了唯一的线索——人类狩猎者与波利尼西亚鼠（又称缅鼠，在大航海时代前，因跟随波利尼西亚人的航海船而遍布大半个太平洋的岛屿）的致命组合在超过3 000年的时间里把太平洋岛屿上约1 000种鸟类赶尽杀绝了[9]。哈斯特鹰可能是有史以来最大的食肉鸟类，在新西兰，毛利人的传说将其称之为Te Hokioi或Pouakai，据说它能用爪子抓着孩童逃跑——也许它真的能做到。但是，绝大多数动物都从我们的社会记忆中溜走了。在太平洋群岛，每隔两三年就有一种鸟类被杀绝，但它们完全没有存在感，再也无法被当今社会所记住。

同样，当今的欧洲人大都不记得葡萄园里曾有过犀牛和狮子，大多数北美徒步旅行者也都不知道4吨重的乳齿象为何从五大湖沿岸消失，加州优胜美地山谷的游客们都幸福无比，完全没有意识到300千克重的剑齿虎本应悄悄逼近他们的营地。如果没有人类祖先，这些动物今天仍然会存在。这种潜移默化的灭绝过程很少标记在个体的直接经历中，哪怕是100年后，谁还记得世界上最后一只巴拿马树蛙曾于2016年9月26日去世？我们看到的是地球的现状，而不是人类出现之前的状态。现在只有科学研究揭示了人类历史早期所发生的变化幅度。

因人类因素造成的灭绝的官方统计始于公元1500年。世界自然保护联盟（IUCN）记录下自公元1500年以来大约2%哺乳动物、1.6%鸟类以及2%两栖动物的物种消失[10]。根据加州伯克利的骨骼及化石专家托尼·巴诺斯基（Tony Barnosky）的说法，还有178种世界上最大的哺乳动物在公元1500年之前就消失了，而且这个数字可能更高。如果我们从这项数据综合来看，5%～6%的哺乳动物物种已经在人类时代灭绝了。而这些只是我们能够了解到的事实。

如果我们把消失的数千种太平洋鸟加到世界自然保护联盟的数据中，那么至少有 9% 的鸟类已经灭绝。这些野生物种代表了生物多样性的巨大损失，而这几乎完全是由人类造成的。这还不足以与地球曾经经历过的 5 次生物大灭绝（Big Five）相提并论，当时 3/4 以上的地球生命物种都已灭绝。综合哺乳动物和鸟类来看，我们只不过造成了 1/10 的破坏。但人为的绝灭率仍然非常高。我们已经引发了一场“小规模的物种灭绝”，如果人类在未来几千年里继续统治地球，那么很有可能会成为第 6 次生物大灭绝。这在地质时间上几乎是瞬时发生的事情。

鸟类、哺乳动物：感谢恐龙的灭绝

这种损失是毁灭性的，所幸故事并非全部如此。在地球生命史的每一次陨落之后，生物多样性都在不断地上升。地球历史上数次大灭绝的幸存者形成了一系列前所未有的有机体，在不同于以往的新世界中继承和发展着。离我们最近的一次事件造成了恐龙的灭绝，当时有一颗直径 10 千米的小行星撞击在现在的墨西哥湾尤卡坦海岸[11]。这次事件的确切顺序和时机仍然存在争议，但爆炸产生的尘云导致了严重的气候严寒化，多年来植物死亡、酸雨扩散，接着又是二氧化碳大量注入大气带来的极端全球变暖，在尘埃落定后又令地球升温。无论细节如何，结果就是世界上 3/4 的物种都消失了，这其中也包括恐龙。

这就解释了为什么现在世界上拥有超过 1 万种不同的鸟类，但除了少数鳄鱼及其近亲外，却没有超过 1 吨重的爬行动物。或许是因为羽毛的隔热性能以及得以寻找新食物的飞行能力，鸟类在 6 600 万年前的巨大气候波动中能存活得更好。

我们通常认为鸟类和哺乳动物的崛起，是摆脱了与巨型恐龙共同生活的负担后发生多样化的故事。这种说法的确有一定的真实性。但就这场单一的偶然事件来说，拉布雷亚沥青坑里更多的可能是巨型爬行动物的骨头，而非大型哺乳动物的遗骸。恐龙的消失对其他生命而言是一次机会。

然而，我们对化石认知的不断深入以及分子生物学革命的成果正在改变这种观点。在小行星撞击地球之后，鸟类和哺乳动物并没有突然出现，在恐龙咽下最后一口气之前，大量的鸟类和哺乳动物已经存在了数百万年了[12]。它们不仅仅是在灌木丛中四处奔跑、躲避恐龙的隐居动物。如果乘坐时光机回到 6 700 万年前，也就是小行星撞击前的 100 万年，我们将看到外表相当现代的各种鸟类与恐龙生活在一起，而森林中满是各种各样非常熟悉的开花植物。和现在的南美洲一样，在森林中不断鸣叫的鸟类应该很像如今的鹬鸵。鹬鸵是犀牛、鸵鸟和几维鸟的亲戚，这种身体结实的鸟类通常喜欢走路而不是飞翔，它们还会发出足以穿透植被的刺耳声音在茂密的森林中进行交流。

6 700 万年前，生活在白垩纪晚期的天空、森林、草原和沼泽中的鸟类被认为是现代鸟类。例如，后来演变成雉鸡的鸟类已经可以同原始的鸭和鹅区分开来。当然，一些物种已经从那时起就显示出惊人的多样化水平，特别是雀形目鸟类在恐龙消失的 3 000 万～5 000 万年后便加快了演化的步伐[13]；如今的鹟、鸣禽、乌鸦和雀类都属于雀形目，其数量约占现今所有鸟类物种的一半。东方知更鸟、家雀儿、树麻雀、黑胸麻雀和意大利麻雀也属于这一类，并且都是相当现代的产物。尽管如此，在导致恐龙灭绝的大屠杀发生之前，仍有相当多种类的鸟类生活得很好。

哺乳动物的故事与之类似——大约有 2/3 的哺乳动物在恐龙时

代就已经存在了。哺乳动物起源于 1.66 亿年前，它们与大型爬行动物共同生活了 1 亿年。现今卵生哺乳动物（鸭嘴兽和针鼹）、有袋动物（包括负鼠和袋鼠）和胎盘哺乳动物（大多数现存哺乳动物）的祖先在很长一段时间内都是独立的群体。一些遗传学家认为，在恐龙消失之前，许多不同类型的胎盘哺乳动物已经存在，但是由于缺乏该时期的化石，这一主张尚未被证实[14]。其他动物也有类似的故事。凤尾蝶出现于 6 700 万年前，那时就已经明显不同于其他蝴蝶了。事实上，几乎现存的所有昆虫早在白垩纪末期前就已经存在了[15]。植物则有着更强大的复原能力。即便在许多物种灭绝的情况下，也很少有植物种群灭绝[16]。

这并不意味着动物和植物在新环境下未发生改变。事实远非如此。哺乳动物和鸟类肯定填补了空缺。在恐龙消失后的 1 000 万年里，哺乳动物的体型逐渐增加，1 吨重的动物又在地球上漫游起来。直到大约 3 500 万年前，这些动物的体型一直在增长，最大的哺乳动物从那时起就保持着相当于现今最重的大象一般的体型，尽管犀牛的亲戚偶尔会稍微重一些[17]。

海豚和鲸的演化发生得晚一些，此时海洋里已经没有了同等体积的爬行动物（蛇颈龙、沧龙和鱼龙）。地球正逐渐恢复到充满大型食草动物和大型捕食者的自然状态，这一历史可以追溯到 2 亿年前。在人类进化的过程中，地球一直保持着这种状态，而后又在演化的瞬间清除了最大的哺乳动物。

6 600 万年前撞击地球的小行星是一场灾难。在几年或几十年的时间里，它消灭了曾经存在的 3/4 的生物物种，地球的继承者则是在此之前已经存在了数百万年的普通动植物。未来已经成为过去的一部分，就好像家雀儿和树麻雀在发现人类改造的新世界正合其意之前，完全就是“各顾各”的普通动物。与数百万年前一样，地球未来的继承者如今就存在于我们身边。尽管麻雀目前暂时发展良好，但或许令其获利的耕种方式将在几个世纪内消失，从长远来看，成功者只能从最初的幸存者中脱颖而出。只有它们才能在几百万年后留下后代。生活是属于胜利者的故事。

进化的胜利者在我们的餐盘中

回到史密森博物馆，我们享用着人类时代的成功故事，周围满是灭绝恐龙的化石、乳齿象的骨头和现存动物的填充标本。现代的胜利者就在我们的酒杯和餐盘中。啤酒酵母正在不断繁衍，将人工栽培的欧洲葡萄果实中的糖类转化为酒精供人享用。葡萄果实的演化非常有吸引力，以便动物将种子转移到其他地方，这种演化甚至吸引了人类，可谓非常成功。

根据人们在格鲁吉亚黑海沿岸的考古遗址中的发现[18]，葡萄最早可追溯到 8 000 年前，现在葡萄已经遍布美国加州，以及中国、智利、南非、澳大利亚和新西兰。我们掰开了由人造植物小麦的种子磨碎制成的面包，这种植物起源于中东地区不同草种之间的杂交。我们大快朵颐绵羊的美味肌肉，这些动物早在 1 万年前就在西亚地区被驯化，现在越来越不像它们的祖先摩弗伦羊了。如今的绵羊生活在世界各地。

对于这些选定的动植物和真菌而言，人类与其进入了互利时代。这听起来很奇怪，毕竟我们会把小麦和玉米磨成面粉、杀死牛羊来吃肉。这对其个体而言是非常不利的。

然而，这种互利与橡树、松树受益于松鼠和鸟类的方式有所不同。大尾巴的松鼠蹭掉橡树上的果子，囤积起来留着过冬。克拉克星鸦是一种以种子为食的乌鸦，它黑白色的尾巴在穿越深谷时消失在远处，再带着满口白皮松松子回到落基山脉高处的洞穴里。此后，当狂风呼啸的山脊不再落雪，或者是需要额外的食物来喂养雏鸟时，它们就会回来寻找埋好的松子。

橡子和松子会死去。但是松鼠和星鸦不一定会记得每处储粮的确切位置，而且有些动物会在吃完所有储备之前死去。橡树和松树把大多数后代都贡献给了啮齿动物和鸟类。从长远来看，这些树木也因松鼠和星鸦把种子播撒出去而受益。幸存的种子长成了下一代树木，就像人类与种植的庄稼、饲养的牲畜的关系一样。大多数作物和家畜会因为养活人类而死去，但是人类会确保其中一些作物和家畜的存活，而它们又会继续孕育后代。人类的生态学成功就归功于这种筹划。

植物可以放弃它们的果实和种子，但这都是演化协议的一部分。根据联合国粮食及农业组织（FAO）的统计，玉米、水稻和小麦覆盖了世界 1/3 以上的耕地[19]。它们是现存最成功的植物物种。

我们完全有理由认为，这些植物利用了容易上当受骗的灵长类动物来为其准备土地、播种、施肥，确保它们不受病虫害侵染，而且还要妥善保管种子直到下一代能够成功种植。这到底是谁在操纵谁？

那些以有人类照料的作物为食的动物，此时正鸿运当头。野兽曾经的栖息之地，现在是牲畜吃草的地方。世界上大约 30% 的多产性土地被牧场覆盖，供养着大量的大型哺乳动物。其他家畜则只需待在谷仓附近，等着人来喂养。这些动物也许不是有史以来体型最大的，但是圈养牛羊确实要比猛犸方便得多。如果我们把整个地球看作一个大型生产系统：植物接受太阳光照的能量、把大气中的二氧化碳转化成糖，再转化成更多的种植物料，动物则以植物为食，肉食动物以食草动物为食；整个地球的能量转化真的是太神奇了。

在形成这种转化之前，当时大约 100 万的人类只占陆地上所有哺乳动物总体重（生物量）的 1%，但到 2000 年，人类的体重已占据陆地哺乳动物总生物量的 30% 左右，而且其余的大部分动物都是人类的家畜[20]。出于自身目的，人类强制性控制了超过 97% 的哺乳动物生物量。

更令人吃惊的是，哺乳动物肉类的总量增加了——这意味着所有陆地大型哺乳动物个体的体重加在一起是人类出现之前的 7 倍多[21]。世界上大约有 15 亿头牛、12 亿只绵羊、10 亿只山羊，还有 10 亿头猪、1.3 亿头水牛，或许 5 800 万匹马，至少 400 万头驴、1 300 万头骆驼、大约 700 万头美洲驼、超过 100 万只驯鹿，等等。至于食肉动物，则有超过 5 亿只家犬以及数量相当的猫，尽管这与 70 亿数量的食肉人类相比微不足道（此外还有约 5% 的人类是素食主义者）。

有过之而无不及，鸟类的数量也在茁壮成长。世界上大约有 220 亿只鸡和 5 亿只火鸡。大型鸟类的总生物量因人类为其提供谷物、服药并保护它们免受狐狸侵害而有所增加。从全球生产系统整体而言，目前的大型动物总数或体重并没有下降。令人惊讶的是，这一数字实质上有所增长。世界本就应充满大型食草动物以及以前者为食的食肉动物，这种自然状态一直延续到了今天[22]。

不久之后，随着人类种群的不断扩大以及肉类在世界饮食中的比重不断增加，陆地大型哺乳动物的总重量将超过前人类世界的 10 倍。从演化角度来看，现在人类家养的牛、猪、羊的基因拷贝数要比过去更多，因为以其为食的人类的基因拷贝数也在增加。这些物种的地理分布也比过去更为广泛。

目前大型哺乳动物多样性的世界地图中确实应该加上人类及其驯养的牛、绵羊、山羊、骆驼、水牛、马、驴、猪、美洲驼和羊驼。在世界上大部分地区，巨型动物当前的“真实”多样性要比记叙中的多出 7 ～ 10 种。人类与家畜之间这种互利“安排”（就基因拷贝数而言，而非个体福利）意味着人类世与以前一样，都是哺乳动物和鸟类的时代。

人类放下屠刀，大型动物立地“繁荣”

野生物种的灭绝和家畜的兴起意味着狩猎不再是人类赖以生存的行为[23]，同时也不再可行。早在 1 万多年前，当时的人类数量仅有当前人口的 1/1 000，就在很长一段时间里将大多数大型哺乳动物物种捕猎至濒临灭绝。若没有家畜，如今存活的 70 多亿人可能在一个月内就将剩余所有大型野生哺乳动物解决掉。在捕猎大型野生哺乳动物为食的地区，这种行为通常是无法持续的。例如，非洲的丛林捕猎使得动物数量持续下降，而海洋的合理管理仍亟待完善。

野生肉类不足以喂养人类。然而，习惯很难打破，当传统变成奢侈品或者与特定信仰相联系时则尤其如此。日本人并不需要食用鲸肉来维持生存，大型动物因其长牙、牛角或是作为宠物（例如，为了得到幼年黑猩猩而杀死其父母）、传统药物、提神药酒乃至文化传统因素而继续被捕杀直至灭绝，人类并非需要它们的必需营养素。

此外，狩猎传统本身已经在现代成了一种爱好，而非必需行为。那些艳羡猎人气概并且梦想自然生活的人无不享受着这项活动，但实际上他们无非是在耗时间追逐商业化养殖的野鸡和鹌鹑。运动狩猎原本是皇室的专属活动，如今已成为一个追求肥美美味以及轻松捕获猎物的娱乐。圈养和半驯养的亚洲野鸡被人为放逐到英国的乡村里，这样那些带着猎犬和拉布拉多犬的市民就能在周围的田野里过上“愉快”的一天。

然而，传统的改变速度之快着实令人惊讶，当人们变得健康、富有和安全时则尤其如此。在维多利亚时代，我的曾祖母大概会因濒危鸟类羽毛的点缀而美丽动人，而我的祖母则身着毛皮大衣和披肩来保暖。到 20 世纪中叶，我母亲帽子上的装饰不再是白鹭羽毛，而是染色的鸡或野鸡羽毛，但她在特殊场合仍会穿上祖母的皮大衣。我的姐妹们则会在 60 年代末及 70 年代穿着兔毛和羊皮大衣，但如今家里已经没人再穿毛皮衣服了[24]，更不用说是濒危鸟类的羽毛了。这种社会规范的彻底转变仅发生在不到一个世纪的时间里。在我们当前生活的时代，捕杀和穿戴大型野生动物在世界上许多地方已不再被认可，但这种社会转型仍未完全完成[25]。

以美国明尼苏达州的牙医沃尔特·帕尔默（Walter Palmer）为例，2015 年，他因用弓箭射杀津巴布韦的狮王塞西尔而在互联网上引发众怒。他声称自己参加的是合法狩猎活动，而狩猎保护区确实保护着多种无法在普通农田中生活的野生动植物。尽管如此，世界上大多数网友都无法容忍这种猎杀行为；沃尔特的罪过因为塞西尔的名号而被放大了。线上评论员们就像沃尔特当时猎杀狮王塞西尔一样无情地批判他。

由于人类现在的营养需求是由我们种植的农作物和饲养的家畜所提供的，所以人类对狩猎的欲望可以被环境保护、旅游、摄影等其他热情所代替。由于没有必要为了肉、骨、筋、皮和皮毛而捕杀大型野生动物，人类对这些动物的屠杀在一些地区已经降低到几个世纪以来的最低水平，特别是欧洲和北美。我们逐渐把这些动物视为享受和娱乐的源泉，环保主义者已经将他们的保护行为奉为圭臬。

在美国，狼和灰熊的出生率在几代以来首次超过了人类的屠杀率，这两种相当危险的动物再次遍布这片土地，从加拿大到美国重新定居下来。美洲野牛已从濒危列表中去除。欧洲野牛的野生种群数量由 1 个增长到 33 个；貌似山羊的岩羚羊数量自 1970 年以来增加了 5 倍；欧洲海狸的数量则是 20 世纪 50 年代时的 140 倍；鹿和野猪的数量也有所增加[26]。它们正在不断扩张并蚕食着植被，直到自然资源保护主义者开始讨论“鹿问题”和“野猪情况”。我们需要用捕食者来控制它们。

没错，熊、狼、金豺、狼獾和山猫也重新入驻欧洲，除了与欧洲大陆被水隔开的英国之外。野生的鹅、天鹅、鹳、苍鹭和鹤也回来了，而大型鲸鱼这种地球上已知最大的动物，在经历了几个世纪的非持续性屠杀后，再次以不断增长的数量活跃在海洋中。一旦我们停止了杀戮，大型动物又能重新加入此前从未消失过的绝大多数动物的行列。与此同时，我们的家畜又回到了野外。马匹遍布北美和南美。水牛和骆驼在澳大利亚的内陆地区繁衍生息。

野猪在美国的部分地区十分常见，而野生牛群已经在夏威夷群岛、阿留申群岛、坎贝尔岛及其他地方定居下来。这个循环已经接近闭合。起初，人类杀死了大多数最大的大型动物，然后又驯养了部分幸存者，现在我们则以这些驯养动物为食，而仍然存活的大型动物很可能再次繁荣起来。除非地球发生灾难（这完全有可能），100 年后将会有更多的大型野生哺乳动物存在。

在大型动物还没有按照人类喜好的速度扩张之处，我们则启动了平权措施——在美国黄石国家公园的荒野里放狼，在英国修剪整齐的河谷和池塘里放海狸。南非创建了匹林斯堡国家公园，为大型动物提供野生世界末日后的避难所，成为服务太阳城旅游胜地的动物保护区。人类及家畜被赶走，村庄和农场被抹去，为野生动物造好饮水池，整片景观都保护在栅栏之内。

“创世纪行动”在 20 世纪 80 年代将超过 6 000 头大型哺乳动物

放入公园：这是现在被称为“再野生化”的早期案例，即认为野生动物可以放归原处，而后独自繁衍生息。

然而，事实并非这么简单。栅栏需要维护，大象和犀牛需要保护，人们后来又觉得必须移除（先前引入的）野狗，让它们的猎物得以存活下来。大型动物有可能再次繁衍扩张，但往往局限于栅栏内的伪野生世界范围。

只要全世界的人类能够更加关心如何拯救野生动物而不是杀害它们，这种恢复可能会变得更加普遍，至少在那些人为管理的飞地内是如此。然而，我们总是向往大自然：那些一直保持野蛮生长的地方，那些巨型动物仍然统治世界而并不需要激进干预的地方。就像婆罗洲的丹浓谷保护区，我在那儿曾被围困在象群中间。但是这种没有人类参与的野生世界就像是海市蜃楼。我们已经改变了整个星球。

曾经生活在丹浓谷的犀牛已被捕杀至灭绝，最后一只犀牛也为了保护自己而死亡，而生活在那里的数量充沛的侏儒象甚至都不是婆罗洲的本土动物。

1750 年，不列颠东印度公司将其中一些大型动物赠送给苏禄苏丹国，当时苏禄苏丹国正统治着婆罗洲岛的东北部。现在生活在丹浓谷丛林中的侏儒象则被认为是这些家畜的后代，因为目前仍没有充分证实的遗迹表明在过去的 1 万年或更长时间里岛上有野生大象的存在；而“野生”侏儒象实际上只存在于苏丹国在婆罗洲岛上的所辖地区[27]。当地语言里甚至缺少对这种动物的称呼[28]。

所以，这又是一起源于人类的难解之谜。几乎可以确定的是，婆罗洲的大象在几百年前被引进来，吃光、压扁了许多当地的植被，无论是从森林中出来走进油棕榈种植园和农田，还是在所到之处留下大量的粪便，都会引起诸多麻烦。考虑到这些潜在的“负面影响”，我们姑且可以认为婆罗洲大象符合“外来入侵物种”的国际定义，这意味着它们原则上应该被控制或移除[29]。

相反观点则认为，在遥远的过去，婆罗洲的土地上可能有某一种大象，而世界植被的“正常”状态就是应该有巨型动物穿梭其中，并且婆罗洲的长鼻动物在遗传学上是独一无二的[30]。苏丹国的礼物或许起源于一种已经灭绝的大象群体，这种大象最可能来自爪哇。如果是这样，它们就是爪哇大象中唯一幸存的种群。根据斯里兰卡自然保护与研究中心的普利维拉·费尔南多（Prithiviraj Fernando）所说，这一种群对于大象保护至关重要，人们必须对其加以保护。大象还能吸引旅游收入。它们既有有益之处，也有不利影响。

在我亲身面对“野生”大象的经历中，仅在这两处地区大象是被引入进来的（在匹林斯堡的案例中则是重新引入）。是时候该停止人类对原始的野生世界的向往了。人类已经从根本上对地球造成了改变，这里不再有无人类干预的大自然。

当几百万年前，原始人类在非洲演化出来；当一百多万年前，直立人到达了南亚；当几十万年前，尼安德特人和丹尼索瓦人扩张到欧洲和亚洲的其他地区；一万到五万年前，人类遍布大部分大陆，以及在几百年到几千年前存在于世界上的大多数岛屿上，大自然的发展就已经停止了。

我们无法逆转时间。但我们应该感激那些积极的改变，正如我们痛悔所有的损失一样。是的，我们已经造成了世界上大部分最大陆地哺乳动物的灭绝，但是美洲野牛已经回到了我们为其划出的保护区了；丹浓谷的大象也过得很好；大量的灰鲸再次沿着北美洲的西海岸迁移；鹿和狐狸也出现在我们的后院。大自然正在反击。

第 3 章

多少物种已经灭绝，又新加入多少

野兔和兔子已不知所踪，这也许是因为蜷缩在篱笆柱上的秃鹰和夜里来访的狐狸挥散不去的气味。兔子很少冒险远离地下洞穴的安全范围。棕色野兔的新鲜粪便点缀在旧蚂蚁堆的堆顶，但它们白天却躲在长草里，躲避着秃鹰捕食的眼睛。秃鹫对蚯蚓更感兴趣，或者不得不承认蚯蚓更容易捕捉。小型马在草地上伴着鹡鸰和椋鸟奔跑；黑红相间的斑蛾在一片模糊中飞过；粉红色的三叶草茂密地生长；豆娘像微型直升机一样在芦苇中航行；山楂花的麝香弥漫在篱笆附近；鲜红的罂粟花在远处的青稞地里闪烁着微光。这是一幅典型的英国乡村景象，这一切都发生在我自己的土地上。

这些物种中没有哪种不同寻常。这里没有稀有的英国蝴蝶，也没有更稀有的蜻蜓和豆娘，也没有罕见的大黄蜂。相反，我们这里有的都是你在任何乡村地带都能见到的物种。其中一些鸟类很稀少，但数量不多。6 只树麻雀正在灌木丛中啁啾，这在英国很罕见，但却遍布在东京和婆罗洲的城镇和村庄。至于小型马，尽管野生马类可能濒危，但仍有 5 800 万的驯化后代存活。放眼这片土地，博物学家可能仅是瞥上一眼就会继续前行：这些都是你在英国任何地方都能找到的普通物种。

那么，这里到底有多少物种呢？我数出了 22 种蝴蝶、15 种蜻蜓和豆娘、92 种鸟类和 19 种生活在陆地上（或者至少偶尔来陆地上走走）的哺乳动物。针对每种分类来说，这些物种数量都占到英国范围内所有常见物种的 30% ～ 40%，值得注意的是，这片土地的面积仅仅超过两公顷。也就是说，在英国国土面积百万分之一的一小块土地上就能观测到英国四分之一的生物物种。如果我们放眼全球，世界上十亿分之一的陆地表面上就看到地球上千分之四的物种。奇怪的是，这些物种全部都生活在完全由人类改造的景观中，这里完全不像人类出现之前的栖息地。

我这里没有原始森林，也没有在其中横冲直撞的大象和犀牛，而是造起了灌木篱笆，这是我在 2000 年种下各种树木所形成的防护林；有 3 片小草地,以便在一年中的不同时间放牧小型马并进行修剪；还有些灌木丛、一处偶尔干涸的沟渠、一块定期修剪的草坪、几处花坛和 3 块用丁基橡胶造起来的小池塘。周围的乡村都是约克山谷景观，遍布小麦、大麦和油菜。这里是人类主导的世界。

这块“自然”植被与周边环境截然不同的土地，却供养着这个国家如此高比例的动物物种，以及极高比例的世界物种，这一切实在是非同寻常。而且这些物种当中很少有曾经生活在原始森林中的物种。约克郡的这个角落被人类世界的机会主义者所占据着。

“机会主义者”在人类世界活得蛮滋润

在得出任何关于物种在人类造成改变的栖息地的生存和繁衍程度的综合结论之前，我们需要先考虑世界的其他地区。不如就先来讨论热带森林吧！猩红色的金刚鹦鹉在巴尔杉木的花朵间争吵，发出像醉酒青年一样的尖叫声，斑驳的红黄蓝色与绿色的森林树木形成了鲜明的对比；卷尾猴小心翼翼地从附近的番石榴的细枝上摘下水果，色彩鲜艳的袖蝶幼虫啃食着西番莲的卷须，藤蔓上精美的紫色丝状花朵就像悬挂在空中的水母；而蜂鸟则忙碌在拥有香蕉般簇状排布花朵的艳红赫蕉间。臭烘烘的野猪群经过，嗅着卷尾猴掉落在地上的水果；而懒散的甘蔗蟾蜍则守卫着厕所。

在哥斯达黎加科尔科瓦多国家公园的西雷纳护林站，我正舒适地坐在阳台的帆布躺椅上，观察着这片热带风光。这座公园是世界上最大的野生地之一，而这处阳台正是坐下来欣赏野生动物的理想地点，我手里拿着胶带，轻轻地擦掉一天从森林带回的蜱虫。毫不奇怪，西雷纳护林站的310份鸟类名单几乎是我家那份的3倍多：这里拥有全世界3%的鸟类物种。公园里的140种哺乳动物也占世界总数的2.6%。在这处显然更为天然的环境中，这几乎是一种毫无必要的生物多样性。

在11月的雨季高峰期，科尔科瓦多的潮湿足以让你的衣服发霉发臭，而你却只能把它们悬挂在屋檐下，徒劳地希望它们会变干，我在30多年前被困在这里时就是这样做的。在这次特殊的访问中，深绿色的野生美洲家鸭在被水淹没的起落跑道上划过，暴雨使得西雷纳的空中补给航线几周无法使用。通往洛斯帕托斯的小路成了一片20千米长的沼泽，公园里的小型马都只能孤苦伶仃地站着，舔着伤口，浑身湿透而无法通行。吸血蝙蝠又在夜里袭击了它们。沿岸的河流滔滔不绝，阻塞了我们通往北方的路，但我们也并不想往南走，那边是许多非法金矿工人的占领地。

所有的出境路线都无法通行，我们只得坐下来，除了我们几位得克萨斯大学的博士生外，一起的还有唐·尼洛（Don Nilo）和其他几位公园护卫。我们靠着米饭、豆子和意大利面还能应付一段时间，直到豆子被吃完，然后是意大利面，最后是米饭。当体内的能量水平下降时，我们已经进入一种因饥饿引起的昏睡状态。最后，我们其中一位叫柴彭（Peng Chai）的学生终于受够了。

从黎明开始，彭的第一项任务就是抓昆虫喂养他一手养大的鸟，这也是他的博士学位课题。这些令人惊叹的鸟儿披着闪闪发光的金属绿色羽毛，有着铁锈色的腹部。它们巨大的镊状喙部非常灵巧，首先用来捕捉飞虫，继而可以卸除黄蜂的螫针、蜻蜓无法消化的隐翅并且检查蝴蝶是否足够美味可口。在喂养了鸟儿后，彭召集起大部队，发出了采集水果的指令，目标主要是番石榴、两种西番莲、橙子、大蕉、棕榈果以及充满危险的辣椒的亲缘物种。一种黑胡椒的亲缘物种生长在树冠下、姜生长在地下、小龙虾在溪水中可以捕捞、蜗牛在潮水潭中等待捕捉，还有来自里约西雷纳的鱼，你必须躲避奇怪的鳄鱼和牛鲨。用美食烹饪技巧来处理这些食材后，一排令人激动的食物摆在我们面前。我们的精神立马振作起来，这就像一个奇迹。

请注意，我们当天没有任何人进行任何研究。当一群不熟练的外国人突然要成为狩猎采集者时，他们会怎么做呢？我们都很了解森林，但我们显然都很缺乏专业知识。彭和他的手忙脚乱的同伴们想方设法采集了足够多的食物，来偿还采集这些食物时消耗的能量，但这只是因为我们有现成的番石榴、西番莲、柑橘、大蕉、生姜、棕榈果和芫荽，这些都是塞雷纳护林站的前世遗留下来的产物。我们所在的森林曾经是一片农场。

西雷纳满是野生动物，但原始状态并非如此。这处种植园，即木制的殖民风格农舍，后来成为我们居住的公园管理员工作站，它的前主人已经好心地种下我们所能收获的大部分补给。西雷纳丰富的野生动物生活的土地上，有着丰富的狩猎、耕作、放牧和砍伐的历史。如今，随着农田逐渐被周围的森林吞噬，那些果树存活下来的越来越少，但是植被以及与其相关的动物却反映着这段历史。

在人工砍伐出的森林边缘，正在寻找产卵地点的蝴蝶搜寻着充分享受着阳光的野生西番莲。最初在农场中培育出来的西番莲果实，正在被长腿刺鼠用其锋利的牙齿啃食着。人工种植的番石榴吸引了猴子、啄木鸟和眼斑蝴蝶，它们从掉落的腐烂果实中吸取着汁液。在农场原有的牧场上，巴尔杉木迅速生长起来，喂养着金刚鹦鹉。树下，艳红赫蕉珊瑚橙色的花朵像是一道彩虹，隐约间有蜂鸟嗡嗡飞过。

人工修缮的河道两旁，柔软、喜光的伞树正在抽芽，觅食昆虫的松鼠猴拨弄着皱皱的新叶。有些动物只是来这片旧农场吃些零食，金刚鹦鹉便是如此，但是松鼠猴、一些野生甜椒以及以此为食的隐翅蝴蝶，还有北美和欧洲蝴蝶爱好者都十分喜爱的斑马条纹蝴蝶，在这片茂密森林之外的其他地方很难见到。许多物种的存在，或者至少说它们的丰富，都归功于此前人类存在所创建的栖息地。

这片地区有着悠久的人类居住史。古代迪奎斯文明（Diquís culture）遗留下来的巨型石球全部是从致密的辉长岩中凿刻出来的，其中最大的直径有 2 米、重达 15 吨。人们至今都不知道这些巨型石球的确切含义，但是无论原始功能为何，它们都讲述着哥斯达黎加这一地区的前哥伦比亚文化所能创造出的不朽壮举。这些壮举包括在科尔科瓦杜国家公园内陆的河谷内耕种长达 1 000 多年[1]。

迪奎斯邻近玉米种植地阿瓜斯布耶纳斯岛，以及后来巴拿马西部和哥斯达黎加南部的奇里基文明（Chiriquí culture），后者则是在公元 300 年建立起来的。在这片地区，或者说世界上大多地区，农业都有着悠久的历史。我们在西雷纳所享受的与人类有关的野生世界已经适应了人类数千年的干扰，这里完全说不上是原始的热带雨林。

其他地区也是如此。早在 1 万年前，墨西哥就发展起了农业。在接下来的几千年里，种植业遍布了中美洲以及南美洲北部的带状地区[2]。到 6 000 年前，安第斯山脉和亚马孙河流域南部从事起农业。一个世纪后，西班牙征服者以比侵略原始丛林更粗暴的频率穿过了农民的田地。1.3 万年到 1 万年前，种田和放牧开始在中东地区兴起，并在欧洲和北非广泛流传了几千年。

大约 1 万年前，中国的黄河流域开始种植藜，而后来的东南亚住民则把整片地貌改造成梯田湿地来种植水稻。再往东走，新几内亚的山区部落耕种农场和花园的时间已长达 9 000 年，而身处森林的他们仍然保留着狩猎的习惯。在非洲，农业也有着悠久的历史。埃塞俄比亚是人类远亲的演替之地，在那里，人类物种的进化曾在 20 万年前达到了顶峰。尽管这里拥有着数百万年的原始人类历史，尽管这里几千年来一直是农作物驯化的重要中心，但埃塞俄比亚仍然拥有世界上独一无二的动物和植物。

40% 的鸟类会像渡渡鸟一样因人类灭绝吗?

人类对大自然的占领不仅历史悠久，而且还确确实实遍布全球。北美洲的猎人利用火来统治森林和草原，澳大利亚原住民也是如此。尼日利亚奥科穆国家公园的沿海森林满布着先前人类占领所留下的历史文物；这片曾经被看作原始森林的植被在过去的 700 年里再生起来，成长在木炭的温床上。再看看巴西的大豆农场、美国堪萨斯州的草原农业、俄罗斯部分地区的麦田、澳大利亚广袤的牧羊场以及欧洲西北部人工草原上的青贮饲料。人类创造出了无穷多的新栖息地，在 6 块大陆上如此延展了几千年，为一些动植物创造了新机会。

不管是英国的集约农场还是哥斯达黎加的再生森林，都有如此多的物种与我们共同生存在被人类改造后的环境中，这并不是说所有人类社会都曾与大自然“和谐”相处。绝对不是这样，在遥远的过去，人类与大自然的和谐共存在很大程度上是一种浪漫化的虚构概念。现今的自然保护主义者总是试图重新创建出这些理想化的生态系统，例如在美国、非洲和澳大利亚重新引入狩猎采集式的植被焚烧方式，或是在欧洲和亚洲恢复如今已不实用的中世纪农林耕作方式。事实上，我们与自然的关系一直都不是那么的浪漫。我们消耗大自然。我们占据了野生生物本该占据的空间。我们会在特定时间采用当前可用的技术来捕杀或驱逐野生动物，而且常常大获成功。因此，我们正在经历生物灭绝的时代。

如果我们要正确地看待机会主义者的成功，就要考虑到这些野生生物的损失，特别是世界上大多数地表因人类目的而发生转变的损失。一旦我们把以前的植被转变为粮田和混凝土，那么留给大自然的空间就不多了。评估这些变化所带来的影响的其中一种方法是用所谓的“物种-面积关系”来计算原生地的损失。这种关系表明，当生活环境的面积减少时，物种的数量就会减少，例如，有相对较少的森林鸟类生活在临近巴西海岸的小型岛屿上[3]。

大约 11 650 年到 7 000 年前，冰河时代末期的水位上涨令这些岛屿与大陆分离开来，如果我们要将一大片森林景观转变为一处被甘蔗田和牧场所包围的“森林岛屿”，那么从这些岛屿中便能得知最终有多少依赖森林生活的鸟类可以存活下来。当然了，这正是人类做出的事情。物种-面积关系表明，如果 90% 的原始栖息地遭到破坏，我们通常可以预期 29% ～ 44% 的物种会消失[4]。

借助这种物种-面积关系图，世界自然保护联盟的汤姆·布鲁克斯（Tom Brooks）和剑桥大学的安德鲁·鲍姆福德（Andrew Balmford）决定接受挑战，预估出巴西大西洋地区的森林减少可能造成的物种灭绝数量。这片大西洋森林从巴西东北部到南部形成了一道湿润的海岸沿线，一直延伸到阿根廷北部和巴拉圭，并且由干燥的塞拉多草原与潮湿的亚马孙森林相隔开来；塞拉多地区的植被类似于热带稀树草原，以白蚁为食的食蚁兽和鬃狼寄居在此。对于大多数亚马孙和大西洋树木来说，塞拉多实在是太干燥了，所以这两大森林以及栖息动物才被隔离开来，这种长期隔离使得巴西沿海的动植物得以进化成世界上独一无二的物种。狮面狨猴、绒毛蛛猴、白面狨、卷尾猴、金发伶猴和棕吼猴，这一长串特殊的猴子都只生活在这片森林里。这里也是大多数巴西人的家，圣保罗和里约热内卢都位于森林的正中间。所以难怪 93% 的森林都被砍伐并主要用于农业，而该地区则是世界上濒危物种最集中的地区之一。

布鲁克斯和鲍姆福德把他们的研究重点放在森林鸟类而不是猴子上。他们估计出该区域内各处森林减少的面积，再用物种-面积关系图计算出可能面临灭亡的鸟类数量[5]。他们的计算答案是，所观察的 124 种以森林为生的原始鸟类中，预计有 51 种（占全部的 41%）将会消失。其中，有 45 种鸟类已经被列入全球濒危物种[6]。布鲁克斯和鲍姆福德总结道，如果不采取补救性保护措施，所有濒临灭绝的物种可能会在未来几十年或几个世纪后灭绝。

事实上，有一种鸟类已经灭绝了。阿拉戈斯盔嘴雉曾经生活在大西洋沿岸森林的东北角。这种以水果为食、羽毛有着黑色光泽的生物让人联想到一只苗条的火鸡，但它却有着膨大且扁平的红色的喙，像是被门夹过一样。这种鸟类的不幸就是错误地生活在阿拉戈斯，这里是巴西除里约热内卢、圣保罗和巴西利亚外人口最稠密的地区。因此，除了 2% 的最陡峭的森林土地外，该地区的所有土地都变成了甘蔗田、热带农场和城市开发地带。这种不幸由于阿拉戈斯盔嘴雉可以做成美味佳肴而更加不幸。同时幸运的是，大约有130只阿拉戈斯盔嘴雉仍然存活在两个小型圈养种群中，尽管其中混有一些巨嘴盔嘴雉基因——这是为了恢复近交残存种群的遗传变异性而做出的尝试。即便如此，野生的阿拉戈斯盔嘴雉已经灭绝了。

一方面阿拉戈斯盔嘴雉并不是个特例，至少当初是这样。另一种和渡渡鸟一样走向灭绝的鸟类是黄绿色的姬伞鸟。根据英国鸟类学家威廉·斯文森（William Swainson）于19世纪的画作，这种鸟的特征就是头顶有着华丽的红色的羽冠。百年未见，当布鲁克斯和鲍姆福德在1996年撰写下文章时，我们很合理地推断这一物种也已经灭绝了。然而，鸟儿们完全不理会人类对其命运的猜测。就在布鲁克斯和鲍姆福德发表文章的同一年，姬伞鸟再次证明了自己的存在，毫不费力地就令这篇文章立即作废，这让作者们在恼怒的同时又感到喜悦。尽管如此，盔嘴雉和自此后再出现过的姬伞鸟，和这一地区的许多其他物种一样，正遭受着威胁[7]。

其他栖息动物的状况同样堪忧。根据部分地区的森林哺乳动物的调查估计，78%的种群已经灭绝[8]。有一种青蛙只在98年前出现过一次[9]，它不可能像姬伞鸟一样复兴，因为它只出现在圣保罗的城郊。而该地区至少有5种植物已被认定灭绝。布鲁克斯和鲍姆福德试图在巴西大西洋地区量化的物种威胁无疑是真实的。

会挖洞的猫头鹰已经侵入了农田！

另一方面，我们需要同时考虑平衡的两端。当人们统计过某地区的动植物物种数量随时间的变化时，他们通常发现地区的多样性几乎是保持不变的——这是对几十年来收集的大量数据进行分析所得出的结论[10]。如果要说有什么区别的话，物种的平均数量甚至在略微增加。这一定意味着新物种的加入速度至少和先前栖息物种的消失速度相当。农田、牧场和城市环境中的物种数量仍然是此前栖息地的同等面积内所能发现的物种数量的约60%[11]。原栖息地并没有被破坏，而是被仍然拥有很多物种的新环境所取代。一旦人们意识到，任何地区都可能存在几个不同的人类创造的栖息地，并且存在着稍微不同的物种，也就是说，在农田、牧场和城市地区所发现的物种并不完全相同，那么在该地区发现的物种数量可能与此前保持相当，甚至要更多一些。

在巴西的大西洋沿岸地区，只有一种森林鸟类已经灭绝，而超过半数鸟类的生活并未受到威胁。这些幸存者是人类时代的成功物种，它们能够容忍在小面积的森林中生活，或者能够适应某种程度的干扰。而后便是新物种的涌入，它们才是人类真正的受益者。牛背鹭成群结队地昂首阔步，利用祖先跟在成群的水牛和斑马身后所磨炼的技能，捕获被家畜蹄子所打扰的昆虫和青蛙。这种鹭起源于非洲，在19世纪70年代，它们飞越大西洋、殖民南美洲，最终于一个世纪后到达了圣保罗和里约热内卢。现在，它们和牛霸鹟一起在大西洋沿岸牧场上跟踪着牛群；牛霸鹟这种在地面活动的鸟类本是南美洲的原住民，但以前一直被森林排除在外。生态审计员可能会问：有多少物种已经灭绝，又新加入了多少物种?

阿拉戈斯盔嘴雉消失了，但牛背鹭和牛霸鹟加入了。损失一种，但又收获了两种，而且新加入的物种名单还在继续。会挖洞的猫头鹰已经侵入了先前被森林覆盖的农田，这些长腿猎人更喜欢在开阔的地面上追逐猎物，而不是猛扑在树木丛中的。在这处由人类改造的世界里,似乎有更多环球旅行的继承者,而不都是受害者。这表明，如今相对未受干扰的小面积栖息地以及各种人类创造的环境，实际上可能包含着比人类出现前更多的物种。

自然历史学家的趣事给我们提供了验证的线索。在电影《观鸟大年》（*The Big Year*）中，杰克·布莱克（Jack Black）、欧文·威尔逊（Owen Wilson）和史蒂夫·马丁（Steve Martin）演绎了一个现实生活中的故事：在北美，人们为了在一年内发现更多种类的鸟类而疯狂地竞争。我们观鸟者是一群奇怪的人。我们有生活清单、国家清单、年份清单、花园清单和假日清单（但“假日”听起来太轻率了，所以我们称之为“旅行清单”）。当观鸟者去度假时，他们的目标是参观尽可能多的栖息地，包括那些由人类创造的栖息地。他们不会在沙滩上停留，因为沙子可能会弄脏他们的双筒望远镜，这些敬业的观鸟者启程去参观当地的污水处理厂。他们是去寻找一些涉禽，它们正在松软的土地上搜寻着无脊椎动物，或者也有鹡鸰摇摆着尾巴，贪婪地捕食被人类排放的污水吸引而来的苍蝇。观鸟者的目标始终是最大限度地增加可观察的不同鸟类物种的数量。

植物和蝴蝶观察者们也采取了类似的策略，不过很少有像观鸟者这样痴迷的，而且他们对污水的重视程度也有所降低。博物学家想要游览不同类型的栖息地，这意味着混合生态系统中的物种总数可能比整个区域被同一种植被覆盖时要多。但是这些博物学家正确吗？如果正确的话，目前存在于世界各地、已经被人类以各种不同的方式所改良的各种混合栖息地所包含的物种总数可能要比原始植被中存在的更多。

如果为了人类目的而征用土地将会减少物种多样性，那么我们应该去热带森林看一看。这里是生物多样性减少最多的地方。在这里，人类创造的栖息地所吸引而至的新来物种最不可能弥补已有的损失。

经过 6 小时的车程，穿过交替出现的红色尘土和不断陷住轮胎的泥潭，我们便到达了喀麦隆西部的科鲁普国家公园的入口，这里的一切都是如此壮观。一座弧形的悬索桥引领着勇敢的旅行者们向森林进发，健谈的蒙登巴导游阿道夫挥舞着大砍刀为大家引路。作为非洲最多样化的热带雨林之一，科鲁普岛充斥着生命气息：600 多种树木、500 多种草本植物、1 000 多种蝴蝶、130 多种鱼类以及大约 200 种爬行动物、青蛙和蝾螈。这里是黑猩猩和濒危动物鬼狒的故乡；鬼狒是狒狒的亲戚，黑脸的雄性鬼狒在撅起的粉红色下唇上留着不协调的白色胡子。这两种灵长类动物都遭受着栖息地丧失和丛林捕猎的双重威胁。这处公园也是科鲁普人的老家，而他们现在被重新安置到支撑林区域，那是公园边缘的一片缓冲带。

缓冲带内的巴苏、巴乔及阿巴特村民种植一年生作物并维持着农林系统，散生的树木遮蔽了咖啡、可可和大蕉的树丛。再生的次生林生长在曾被砍伐过的陡峭山坡上，与此同时还有那些“近原始”森林，也就是那些几乎不受人类干扰的森林。这些干扰是否影响了物种数量呢？德国哥廷根大学的科学家们与喀麦隆德尚大学的塞尔日·博博（Serge Bobo）、公园的现场经理摩西·萨勒（Moses Sainge）合作，试图发现这些人类干预对鸟类多样性的影响[12]。

天还没亮，他们就出发到野外去清点鸟的种类，起早能看到最活跃的鸟类，这时也最容易对鸟类进行定位并通过其叫声进行识别。浅绿色的红领太阳鸟成群地在近原始林的树枝间穿梭，而闪着绿色微光的黄腹太阳鸟以及色彩斑斓的雅美花蜜鸟则在更开阔的生境中，驻足于开花树木。被分配到村庄附近的一年生作物地里数鸟，看起来像是抽中了鸟类学研究的下下签，结果却成了一件好事。田野工作者每次造访一年生作物地时观察到的鸟类数量大约是森林中的 1.5 倍。

总的来说，他们在 4 种栖息地中观察到的物种数量几乎相同。受人类影响更多的栖息地生活着许多物种，这与森林中的物种或物种数量并不完全相同，存在着许多特殊的物种。会跟踪矛蚁队伍、希望捕捉到被矛蚁吓跑的昆虫的鸟类在“近原始”森林和次生林中最为丰富，但对于那些以种子为食的鸟类以及以花蜜为食的太阳鸟来说，情况恰恰相反。由于部分物种只存在于森林中，而部分物种仅生活在农林系统和一年生作物田中，因此人类创造的森林与农业的混合栖息地要比单一的森林景观能够容纳更多的物种。

同时，研究人员发现，农林系统和次生林中的蝴蝶多样性实际上要高于原始植被地区[13]，而在一年生作物田中发现的下层植物种类也要多于其他地区。就研究人员考虑到的所有动植物种群而言，这些村庄周围的栖息地拥有着丰富的物种多样性。但这并不是停止保护“近原始”森林的理由，“近原始”森林中含有种类最多的树木以及仅存在于西非的诸多珍稀动物，而农林系统和一年生作物田则含有更多广泛存在的成功物种[14]。保护该地区面积最大、干扰最小、偷猎最少的森林是确保所有物种安全的唯一有效途径。

但是，如果我们试图回答如下科学问题：“当大片的森林被改造成由森林遗迹和各种人类创造的栖息地拼凑而成的混合景观时，现存的物种总数会发生什么变化？”答案是物种数量会增加。这是因为新物种迁入人类创造栖息地的速度要比原住民消失的速度更快。

婆罗洲蝴蝶、匈牙利昆虫及德国植物都在增加

这一结论是否也适用于其他栖息地呢？比利时佛兰德斯地区的生态环境与喀麦隆热带雨林截然不同，蝴蝶生态学家迪尔克·梅斯（Dirk Maes）和汉斯·凡·戴克（Hans Van Dyck）曾描述此地为欧洲“最差的生态场景”。[15]这片地区实行集约化农业，

拥有人口密集的城镇和郊区。要想研究栖息地多样性的减少和物种灭绝情况，这里无疑是个极佳选择。老实说，佛兰德斯并不是我开启世界野生动物之旅的首选之地。

如果我们考虑到整个比利时，这个国家的动植物名录囊括了原始林地、沼泽、河流和沙丘遗迹中发现的物种，以及与人类创造的粗放牧场、荒原、干草及青储田、监管林、种植园、园艺，不同类型的谷物和根茎作物、果园、沟渠、路旁草坪、郊区花园和公园、农用池塘、运河、水库、谷仓、温室、各种建筑物的外部和内部、棕色地块（国际上对城市中一些工厂遗址的通用称呼）甚至停车场等地相关的各种物种。就像在英国一样，在比利时也能找到家麻雀、黄鹀和草地蝴蝶。尽管许多原始物种已经消失，但如果把所有栖息地中的物种汇总起来，这个地区的生物多样性要比人类刚入驻时大上许多[16]。

如果10%以上的地表能够保持相对不受干扰的环境，那么原始物种的损失便可实现最小化。理想情况下，每种不同的生态区域中的部分景观有30%的面积应当得到保护，以便维系那些对栖息地变化尤其敏感的动植物[17]。并非任何地方都能达到这种保护水平，但即便如此，如今同时含有人为栖息地和至少部分未受干扰的植被的大多数景观，其具有的物种要比人类入驻之前更多。也许这些地区的生物多样性从来没这么好过。但我们对此有把握吗？

早在1995年，亚利桑那大学的科学家迈克尔·罗森茨魏希（Michael Rosenzweig）就提出了一个假定的答案。他当时就做出推断，栖息地更加多样化的地区确实拥有更多的物种[18]。罗森茨魏希在对物种-面积关系进行研究时，他发现栖息地异质性（即栖息地的混合程度）能更好地预测出给定地点所发现的物种数量。其他研究人员也得出了类似的结论，这其中就包括乔纳森·海利

(Jonathan Hiley)，这位学者身兼学校教师、墨西哥国家板球队成员、鸟类学家和约克大学博士生的四重身份。他发现，在墨西哥中部塞拉戈达生物圈保护区中，人类改造的栖息地和相对未受干扰的栖息地的结合增加了该地区的物种数量[19]。例如，褐头牛鹂(*Molothrus ater*)和白翅哀鸽(*Zenaida asiatica*)已经迁入农田和村庄，增加了该地区的生物多样性，而其他物种则继续存活在受保护的栖息地中。

对婆罗洲的蝴蝶、匈牙利的昆虫和德国的植物的相关研究都有类似的结论。哥根廷大学的安克·施泰因（Anke Stein）、霍尔格·克雷伏特（Holger Kreft）以及德国亥姆霍兹联合会环境研究中心的卡塔琳娜·格斯特纳（Katharina Gerstner）针对这些单独的研究进行了总体分析。他们搜集了来自世界各地的科学文献，发掘了上千种物种数量和各种环境多样性指标之间的关系。答案是确凿的：在绝大多数情况下，物种数量会随着栖息地多样性的增加而增加[20]。

如果栖息地多样性确实在增加的话，这固然很好。人们普遍认为，人类是在“简化”自然和降低“栖息地异质性”。研究者和环保主义者常常认为我们正在减少特定地区的栖息地种类。除非我们忽略这些研究中人类创造的栖息地，否则这种看法很难成立。当然，有些地方会有成群的铁犁、机动播种机、化肥和除草剂以及联合收割机横扫整片地区，规模之大以至于很难寻得任何原有植被的痕迹，比如美国中西部的部分地区，甚至可能还包括佛兰德斯的少量地区。在这些地方，人类绝对能够减少所及之处的栖息地种类，野生动物的多样性也会随之下降。

事实上，在世界上大多数与比利时、缅因州、巴拿马或莱索托面积类似的地区，我们确实增加了栖息地种类的数量。施泰因及其同事的研究表明，这通常会增强这些地区的生物多样性，而并非侵蚀它们。现在我们已经知道了这个结论，如果愿意的话，人们可以积极地增加任何特定区域的栖息地多样性，从而增加物种的数量。

这一切意味着有无数成功的物种正在人类改造的景观中生长、爬行和飞行。农业以及其他人类对地表造成的改变并非无情地减少了所有形式的多样性。

在英国，我家中的大多数物种之所以存在，只是因为它们生活在几代英国人创造出的栖息地中；比利时的大部分地区也是如此；喀麦隆科鲁普地区的许多物种只存在于人类取代或干扰过的森林地区；在哥斯达黎加的科尔科瓦多国家公园里，物种正在西雷纳的旧农田中繁衍生息；而巴西大西洋沿岸森林地区的新来物种数量已经超过了消失的物种数量。大多数地区的物种数量都在增加，而并没有减少。

第 4 章
变化的气候与“流浪地球”的生物

在青尼罗河支流的杰玛河峡谷上，有三组灵长类动物正在这里栖息。缓坡上的梯田排列整齐，崎岖的峭壁遍布其间，红腹秃鹰盘旋而上。这三组动物来此各有目的。一群穿戴整齐、棕色皮肤的智人沿着砌好的马路出发去附近的德布雷利巴诺斯修道院朝圣，以求从世俗的单调乏味中解脱出来。我和妻子海伦所在的第二组的穿戴相当不讲究：一群头戴遮阳帽、粉色皮肤的智人，身上还挂着华丽的双筒望远镜和长焦镜头相机。我俩慌乱地朝着峭壁边缘一路小跑，加入他们的野生动物朝圣之旅。组里有位 70 多岁的老人颇为顽固，他想要看看究竟能在多近的距离给他的拍摄对象——第三组灵长类动物——拍出完美的照片。最终结果比其他人预想的合理距离还要更近几米，第三组灵长类动物显然并不害怕浅粉肤色的人类。

高山物种向更高海拔迁移，然后呢？

和狒狒外形相似的狮尾狒在单身雄性群体中寻求着慰藉，它们惬意地坐在从澳大利亚引进的桉树的斑驳树荫之下，肆意地闻着空气中雌性狮尾狒散发出来的气味。为避开白天的高温，雄性狮尾狒正在休息；而毛发不那么浓密的雌性狮尾狒和它们的幼崽正在长满青草的牧场上开心地进食。狮尾狒特别爱吃农作物，这就合理地解释了为什么当地人会朝这群贪婪的动物扔石头，不让它们靠近。德布雷利巴诺斯的狮尾狒不知道的是，为了寻找它们，年长的罗杰和他的同伴刚刚飞越了上万千米来到这里，让大气中温室气体排放量的人均份额又提高了一些。与那些拿石头扔狮尾狒的当地人相比，我们对气候变化做出的“贡献”可能对狮尾狒更加危险。

高山狮尾狒银棕色的皮毛十分厚实，胸前露出沙漏形的粉色皮肤，十分奇特。浓密的毛发能够使狮尾狒应对寒冷的高山环境，要是在闷热的低海拔地区生活，它们可能会感觉太热。而且在旱季，狮尾狒食用的草的品质也会变差。不过东非狒狒在那里倒是十分常见。在海拔 1 800 米以上的地区中，能发现狮尾狒踪迹的只有高耸于埃塞俄比亚的塞米恩山脉和像杰玛河峡谷之类的地方[1]。在山上，海拔每升高 100 米，气温就会下降 0.5 ~ 1℃[2]，所以我们能够借此弄清楚气候变暖迫使狮尾狒迁移了多远。

到 22 世纪，这个地方的气温有可能会上升将近 5 ℃[3]；如果这成为现实，狮尾狒需要向高海拔地区迁徙 500 ~ 1 000 米，极有可能到达海拔超过 2 800 米的地方。不过幸运的是，我们已经在比塞米恩山脉栖息地还要高的地方发现了这类多毛灵长类动物，所以狮尾狒应该能在全球变暖的趋势中幸存下来；尽管狮尾狒自此会在如杰玛河峡谷这样海拔低于塞米恩山脉栖息地的地区中消失。

埃塞俄比亚狼却并非如此，它们只能在人类和云层的夹缝中生存。狮尾狒的数量约为 20 万只，但红棕毛色、腹部浅黄的埃塞俄比亚狼仅剩 500 匹，其中发育成熟且有繁殖能力的成年狼仅有 200 匹[4]。埃塞俄比亚狼活动区域的海拔要高于狮尾狒的栖息地。该物种有半数都生活在贝尔山，其中成年狼大概有 113 匹，据说，在这里它们十分常见。我们一大早就出发去观察狼群在清晨觅食的情况，但很可惜，去往高原的崎岖山路有一段在晚上被暴雨冲垮了。

我们的埃塞俄比亚向导艾哈迈德，还有很多出国度假的英国人，他们都从车上跳下来去捡石头，用手边的东西来填平车辙印，这些车辙印因为雨水冲刷而变得很深。很长一段时间后，这群勇敢的人类填平了最深的车辙印，这样我们的司机就能试着开上山去。

但可惜我们来得太晚：狼群已经回去睡觉了。因为不想放弃，我们又花了6小时来回奔波。在海拔超过3 500米的山上,空气稀薄，我们的手指失去知觉，头晕眼花；我们距离狼最近的时候也只是在远处的地平线上突然发现一个橘色的点。虽然很不情愿，但因为身体全部冻僵，我们只得开始返程。我们一行人在高低起伏的高原上行走，当翻越山脊的时候，突然有什么出现了：一匹标准体型的狼站在马路旁边。

狼群再次回来是为了它们的晚餐——大东非鼹鼠，这是一种濒危的啮齿动物，只在贝尔山一带活动。我们很难不替大东非鼹鼠感到难过。和数量庞大的仓鼠和旅鼠一样，大东非鼹鼠在地下挖掘通道，只有在觅食时才出来；并且它们只吃离洞口足够近的山地植被，这样如果有狼和鹰这类危险迫近，它们才能够逃脱。放眼望去，这里都是能够让埃塞俄比亚狼饱餐一顿的啮齿动物，所以它们在贝尔山的种群密度要大于其他地方[5]。每平方千米的栖息地上就有大约2 500只大东非鼹鼠，这就可以解释为什么有超过半数的埃塞俄比亚狼在贝尔山生活。尽管从海拔3 000 ~ 4 200米的地方都能发现鼹鼠的踪迹，但它们中的大多数都被限制在海拔3 500米及以上地区，低矮的非洲高山植被在此生长。这意味着，除了埃塞俄比亚狼群，让鼹鼠陷入危险的还有气候变化。

埃塞俄比亚狼或许很开心能生活在温暖的低海拔地区，但它可能会由此陷入与人类的冲突，更准确地说是与家犬的冲突。犬类身上携带有狂犬病和瘟热，狼易受其感染，那些生活在低海拔的狼群已经因此而消失，如今海拔低于 3 000 米的地方已经看不到狼的身影，周期性流行病甚至威胁到了生活在高原的狼群。气温变暖能让人类和家犬来到更高海拔的地区，同时狼群的活动空间却进一步受到限制[6]。然而，气候变化带来的更大风险也许是食物的消失。

寒冷的非洲高山地区以下几百米的地方，灌木植被多生长于此，这里鼹鼠和狼的种群密度仅仅是高原地区的 1/10。如果由人类导致的气候变暖造成低海拔植被开始出现在比现在高 500 ~ 1 000 米的地区，那么这片区域就会变成几乎看不到鼹鼠和狼的灌木林。这些数据令人担忧。

当前，有 113 匹具有繁殖能力的成年埃塞俄比亚狼在贝尔山生活，如果按照种群密度会减少 90% 来计算，那么这一数字就会减少到 11 匹，再加上无繁殖能力的成年狼和幼崽，群体总数可能只有 20 ~ 30 匹。这个数字无法满足种群在数百年的温暖气候中生存所需要的数量。不同于狮尾狒，鼹鼠和狼都没有机会在更高海拔的地方生存[7]。全球气候正在变暖，它们终将无处可去。

“无家可归”的狼群与蛾、蛙的困境

未来埃塞俄比亚狼会面临何种威胁，想必我已经表述得很清楚，但是请不要忘记自 20 世纪 70 年代以来，全球温度就在不断上升。气候变化并不只关乎未来。气候变化也让我们有机会去查明这些可怕的预测是否有可能被证实。高山物种已经开始迁移到更高海拔地区了吗?

2007 年，我有一位无所畏惧的博士生陈漪晴（I-Ching Chen）出发去寻找这个问题的答案。她给自己布置的任务，就是拖着又沉又不便于携带的电池和捕蛾器走遍位于婆罗洲的基纳巴卢山。在热带山林捕蛾像是一种很奇怪的行为。

飞蛾是种美丽且精于伪装的动物，有些飞蛾像是枯叶，有些飞蛾像被厚厚的苔藓或地衣所覆盖的树干；在白天，食虫鸟会搜捕飞蛾，而飞蛾的各式花纹能帮其躲过食虫鸟的双眼。更确切地说，蛾类构成了世界上最丰富的一类动物，即热带昆虫，因此蛾类代表着世界生物多样性的关键成分——它们以植被为食，继而又成为更大型动物的食物。

1965 年，3 名本科生在假期完成了一项有关蛾类的研究，陈漪晴这次选择基纳巴卢山作为调查地点，就是希望能够重复此前的研究。拖着酸痛的后背和四肢，她和她同样胆大的丈夫花费数周来捕捉飞蛾，然后又用一年时间来对样本进行仔细的鉴定。陈漪晴终于可以回答这个问题了：蛾类离开低海拔地区后确实在向高处迁移。不仅如此，在常年潮湿的云雾林生活的飞蛾数量已经锐减，蛾类似乎已经陷入低海拔地区气温过热与山林云量持续偏高的气候钳形运动中[8]。该物种的灭绝风险是真实存在的。

在地球的另一端——中南美洲壮丽的科迪勒拉山系之中——有几十种丑角蛙已经绝迹。它们是，应该说曾经是，世界上最美丽的两栖动物之一；橙、蓝、黑、绿、紫、粉，丑角蛙绝美的肤色对潜在的捕食者发出了警告：它们的皮肤含有致命的神经毒素。但遗憾的是，丑角蛙遭到了一场由人类造成的气候变暖所带来的“完美风暴”：太平洋的厄尔尼诺暖流（加速气候变暖并改变降雨模式），再加上起源于非洲的严重真菌性皮肤病的蔓延[9]。连年高温令这些侵袭性真菌带来了新型的致命流行病，造成了丑角蛙更大量的灭绝。

狮尾狒和冰期甲虫的最后“圣地”

对未来的展望并不乐观。人类所经历的物种大灭绝的下一阶段将是气候变化造成的伤亡——生活在地球上的所有物种，预计至少有 10% 会死亡，而且这个数字有可能会翻一倍[10]。面对如此骇人听闻的预测，我们目前能做些什么？减少温室气体排放当然是第一要务，但未来预计的最低变暖程度也会使众多物种逐渐消亡。它们已经陷入困境。热带山林动物无法到低海拔地区生活，也无法寻找到远在数千千米以外气温更低的山。只在潮湿山谷中生活的昆虫与植物无法跨过沙漠来到新的栖息地。如果想要拯救它们，对人类来说唯一现实的保护方法就是开始把物种转移到新的地方，在那里它们将会更适应未来的气候[11]。但是，我们怎么知道这些物种在新的地方更容易存活下去？所以我们需要先了解，在历史中的气候巨变时期，物种是如何存活下去的。

1954 年，有着浓密眉毛与胡须的英国科学家拉塞尔·库普（Russell Coope）来到乌斯特郡的阿普顿沃伦参观，这里有采掘砾石而留下的潮湿矿场。他从未想过此次参观将会改变自己的事业和科学界对物种分布的认知。他来到这里单纯是出于好奇而想要到处看看，所以没有带任何采集装置。猛犸象和羊角犀牛的骨骼化石沉积于此，其历史可追溯至上一次冰河时期，这是他早就知道的，但他还是发现了一些深色物质，这引起了他强烈的好奇心。所以拉塞尔赶快把他的应急口粮吃完，并把深色物质刮下来装进饼干罐里面。回到实验室后，他用显微镜仔细地进行检查，而后立刻意识到这些深色物质属于古代甲虫的鞘翅和头鞘；很显然，大约在两万年前，它们正在尽情享用猛犸象和犀牛的排泄物。

拉塞尔就此开始了他对英格兰南部矿场的考察之旅。他不断地发现甲虫化石，甚至还在牛津郡多切斯特村附近的矿场中发现了150只属于同一种类的甲虫。尽管拉塞尔是甲虫专家，这回他也无法辨别出来这究竟是什么物种。他唯一能确定的就是，这类甲虫属于聪慧的蜉金龟属（*Aphodius*），但它到底是什么物种呢？拉塞尔翻遍了博物馆发霉的抽屉，还请教了同僚，终于找到了答案。这种甲虫叫作双顶蜉金龟（*Aphpdius holdereri*）。这也难怪拉塞尔对其一无所知。目前已知该物种仅生活在海拔高于3 000米的中国西藏地区[12]。调查这种昆虫当前分布区域的当代生态学家或进化生物学家，可能都认为该物种是在中国西藏的高山上发生独立进化的。但事实并非如此，中国的西藏只不过是西北欧曾经最常见的甲虫的最后一片栖息地。

拉塞尔的考察十分顺利。这些深色物质揭示了这几十种甲虫都曾经生活在英国，但如今却生活在数千千米之外的地方。其中有一些甲虫生活在北极，那里环境严寒，和末次冰期（last glacial period，是于第四纪的更新世内发生的最近一次冰河时期）时的欧洲环境十分相似。此外，还有一些十分奇特的案例。在曾经生活在英国的甲虫之中，有一种甲虫如今只存在于比利牛斯山，还有一种甲虫如今只存活在东亚。在诸多方面，甲虫和狮尾狒简直如出一辙。据更新世时期（冰期与间冰期交替的时期，时间范围为181万年前到1万年前）的骨骼化石显示，狮尾狒家族以前生活在非洲大陆的最南端，随后向北迁移至刚果，跨越北非、西班牙以及南欧的其他地方后，向东踏入南亚次大陆。现在，它们只剩最后的据点——埃塞俄比亚的高山。如此看来狮尾狒和冰河时期的甲虫的行为倒是十分相似。

拉塞尔向传统观点发起了挑战，当时的科学家普遍认为物种的进化地点与如今的生存地点是一致的。拉塞尔从刮在饼干罐里的泥土开始研究，最终证明了许多物种当前的栖息地仅是偶然的存活之地，而并非最初的进化之地。在过去，有些物种生活地点有限，而有些物种则遍布世界；有些物种倒不一定分布多广泛，但它们仍然生活在不同的地区。这种观点很快就在研究地球生命演化史的科学家中得到认可，但奇怪的是，很多对当代全球生态感兴趣并想要保护它的专家学者却仍然只能部分理解该观点的重要性。动态性是常态，而非特例。这就解释了物种是如何在气候变化中存活下来的。

半个世纪之后，受到库普以及其同时代的植物学家的启发，我抓起铲子，沿着花园出发。小时候，我可能梦想过挖穿地心，一直挖到澳大利亚。但现在，作为一名 50 多岁的学者，我要发起一项更实际的挑战：挖一个洞，然后我就能参观一下末次冰期了。

我在自己的牧场里开始挖洞，但最上层的 20 厘米就只是普通的沙土。这层沙土记录着一段近代史，土壤里大部分是草场植物的根系，时不时还会出现近 3 个世纪遗留下的砖块、玻璃碎片和陶片。这片干草地就是第 1 组生物群落。我继续往下挖，沙土越来越多，以前的耕地被翻开来；这里本可以作为田地，滋养了上千年的农作物。第 2 组生物群落就是这片种植农作物的农田。在此之前，代替农作物生长在这里的是林木，这番景象在全新世存在了 5 000 ~ 10 000 年。这便是第 3 组生物群落——落叶林。

之后我挖到了锈色的土层，该层土质松脆，富含铁的沉积硬土将棕色土壤和下层分开来。下层几乎是纯橙色的沙子，就像从建筑商那里买来的一样，但是有奇怪的根系盘错和蚯蚓钻洞留下的条条深棕色的痕迹。这是第 4 组生物群落，此前就推测过这里会有所不同，但我却看不出这里生长过什么。我继续向下挖，又发现不少干沙，差不多挖了 1 米深的时候，我无意间挖到了黏土，这代表着更早期的历史，黏土厚而坚硬，要想完全穿透则需要更为小巧、锋利的铲子。下过雨后，黏土就变得很黏稠，里面积了些水就像个池塘。黏土上面是一层沙，从沙层到黏土层的过渡十分明显，就像有人往一大片做陶器的黏土上撒了一大堆沙子。我拿着铲子庆祝着。经过一个半小时的挖掘，我终于到达了冰期的地层。

我站在新挖好的坑里休息，脚下的黏土在1.5万年前沉积于此。那时，我这块“地”曾位于一个巨大水体的底部，水体的名字叫作亨伯湖（Lake Humber），即第5组生物群落——冰川湖。我能想象出自己在这儿钓北极红点鲑的样子，身穿驯鹿皮革制成的衣物来抵御寒风，头戴北极狐皮毛制作的帽子给耳朵保暖，雪白的北极狐皮毛可是世界上最好的保暖材料。向北望去，那里就是后来建造的约克市。我想象着被冰层覆盖的湖岸，那时湖岸或许就是划分出宜居区域的界限。冰崖崩落，消散在冰凉刺骨的亨伯湖里，那仅仅是冰山的一角，而冰山是冰期最显著的地理特征之一。冰原西起爱尔兰，覆盖英国北部全境，横跨北海、德国及波兰北部，直至斯堪的纳维亚半岛，再跨越北冰洋，向北至斯瓦尔巴群岛。

夏季的融水流入亨伯湖。冰一融化，掺杂其中的石头、沙子和其他粗粒物质就会沉积下来，在冰川前端形成长长的垄岗，即艾斯克里克和约克两地形成的冰碛，也就是如今我每天早上开车上班都要经过的那片低缓的砾石山。但是，黏土这种颗粒细小的矿物质却能自由地漂浮到湖中心。河流从南部、西南部流入英格兰东部地区，水中携带的大量黏土也流入亨伯湖，随即沉入湖底。北部、东部和西部有冰山的阻拦，而南部有低矮的山丘，这些侵蚀作用的产物无处可逃。积滞水铺满了这片大湖。慢慢地，亨伯湖已满是黏土、淤泥和泥沙堆积。

要是把显微镜拿出来，我也许偶尔能在淤泥里发现水生昆虫摇蚊的头鞘，以及消失很久的北极硅藻的痕迹。北极硅藻属于浮游藻类，它曾是食物链的基础，可能还喂饱过北极红点鲑和捕鱼的普通潜鸟[13]。过去，北极狐和雪枭也许栖息在亨伯湖南岸。除了潜鸟每逢冬季还会飞过约克郡海岸，如今这些生物早已不在这片区域生活。尽管如此，1.5 万～ 2 万年前的世界是何种面貌还是不难想象的。

这一切止于约克郡的大洪水。约 1.5 万年前，随着气候回暖，冰坝决堤，亨伯湖的湖水因泄入如今的北海而渐渐枯竭[14]，露出一片满是黏土、淤泥和泥沙的荒原。数千年后，严寒干燥的环境再次袭来（11 500 ～ 12 800 年前）[15]，当时那片泥泞的平原上有植被扎根于此，但因植被覆盖率不足而难以抵御强风对湖中沉积物的形态和位置的改变。风将沙子聚集起来，沙丘由此形成并分布于湖床之上，即如今的约克山谷和亨伯河上游地区，我的房子就坐落在某个沙丘之上。风把无尽的沙子堆积在满是黏土的平原之上。

对于毛茸茸的旅鼠、喧嚣的大雁群、长角的马鹿、骨头嘎吱作响的斑鬣狗、古老的野牛、弧形双角的羊角犀牛和有长长象牙的猛犸象来说，约克山谷的沼泽地和这些古代沙丘曾是它们的家园，干草原植被或许也曾生长于此，但对避暑的冰期人类而言，这里就是狩猎的天堂[16]。第 4 组生物群落是草原猛犸象。多数生活在那片古老草原的动植物，如今都是北极地区的居民；但斑鬣狗却和狮尾狒一样，朝着相反的方向迁移。它们如今只存在于非洲。犀牛和猛犸象则成了人类祖先的食物。

库普是完全正确的。这些古代动植物群落显示出，自上一次冰期结束，生物界就在不断地发生改变。河湖物种被沙丘、干草原和湿地物种所替代，然后这些物种又被森林物种所替代。随着人类开发土地，森林物种又被开阔的农田和田野边缘带的物种所侵占。再之后我又把土地改造成牧场。如今，气候再次变暖，新移民也在不断地出现，生物群落又开始发生新的变化。

格陵兰旅鼠就“应该”生活在格陵兰吗?

稍稍留意一下近万年来的情况我们就能意识到，只要环境发生变化，物种就会在地球表面四处迁移。我自己所在的这块土地上，近 1.5 万年里就至少发生过近乎完整的 4 次物种更替，而在气候反复变化的近 100 万年里，则至少发生过 40 次更替。生物群落是瞬息万变的。接连不断的物种重新分布是常态。物种就是这样得以在气候变化中存活下来。它们四处迁徙，就连如今生活区域缩小至孤立山林之中的物种也是如此。物种得以存活是因为它们有能力迁移，哪怕在同一座山中来回移动也算。未来物种面临的最大危险是它们可能没有能力再次迁移。

站在花园里刚挖好的湿软的洞中，我开始从根本上去了解地球上的生物。不止在我这块小地方栖息的物种是闯入者，地球各处的物种都是闯入者。由于地球气候的变化无常以及环境发生的巨大改变，物种往往都是来了又走。在适当的时候，今日的闯入者将会被下一组暂住者取代。人类为保持原状所做出的任何尝试都是毫无意义的。

不管你住在哪儿，带上一把铲子总归是值得的。不是所有人都有幸住在末次冰期留下的地质沉积之上，即便你在当地的公园开始挖掘，城市规划师也没指望你挖出来什么。但至少拿把铲子还能想象你自己家的历史。

2 万年前，加拿大和北欧的大部分地区都覆盖在冰雪之下，如今生活在这里的所有物种都是在那时迁移过来的。冰原封住了全世界的大部分水域，当时的海平面要比现在低 130 米[17]，形成太平洋与印度洋中环形珊瑚岛的珊瑚礁也因此自冰层融化后开始增多。气候变化与冰层融化开始后，在陆地与海洋之间的潮间带生活的所有物种都开始移居到如今的海岸线上。在最后一次冰期的鼎盛时期，许多北美洲阔叶林曾经生长在如今被加勒比海淹没的大陆架上，现在生活在北美洲东部大片森林中的动植物几乎都是新移民。那时的亚马孙森林包括如今的安第斯山森林、亚马孙森林和旱生林[18]，这些森林此后独自成林。北美洲西部的大盆地如今气候干燥，但在过去也曾湖泊密布；撒哈拉沙漠在近 5 500 ~ 10 500 年前也曾森林丰茂，碧波荡漾[19]。

无论你在哪里生活，曾经生活在这儿的物种都与你如今所见到的不同，而且通常是截然不同。最后一次冰期过后，气候回暖，物种的分布开始发生变化，并在随后的数千年里发生戏剧性的重新分布。柳雷鸟和北极雷鸟的羽毛到冬天就会变成白色，伪装得像雪一样，在冰期，它们曾在中欧低海拔地区被人类的祖先猎杀，如今这些鸟类已经不在此地栖息；它们后来迁移到高山和欧洲大陆遥远的北方，并在那里生活至今[20]。格陵兰岛的环颈旅鼠过去并不生活在格陵兰岛，而是生活在美国的某片区域，比它们如今生活范围的最南端还要再远一些。这完全正常。

近 2 万年间的物种再分布仅仅是更新世上演的最后一幕，这段时期经历了过山车般的极寒（冰期）和温暖气候（和现今气温相似）的轮流交替，对过去的百万年来说不过是短暂一瞬。所有物种的祖先都跨越了这段不稳定的时期。每个物种因迁移而得以生存，每个地方都能够透过万花筒来见证生物种群的不断变化，新物种到来而旧物种离开。

万年以上的时间段很难吸引我们的注意。即便如此，从历史中吸取教训也是至关重要的。从20世纪中叶到21世纪结束，人类对气候造成的巨大变化将与通常需要数万年才能发生的变化相当。不仅如此，新的全球气候有可能比过去300万年间的气候还要温暖。如果想要了解生物界是如何应对气候变化并存活下去的，我们必须关注更大的时间尺度。今天，我们把过去的转化看作是自然而然的事情，并且毫不迟疑地接受物种就该生活在当前所在地区的这类看法。

我们认为，末次冰期结束后新的植被和珊瑚礁就会不断生长，还认为格陵兰旅鼠就应该生活在格陵兰岛，如同地球上的一切都是“注定发生的”。尽管有充分的原因来解释为什么我们应该希望降低人类改变地球气候的程度，但是把过去的变化定义为令人满意和正常，同时又把近期和未来对物种分布的变化定义为充满遗憾和反常，这两者都不合乎逻辑。人类把自身对范围和时间的错误认知强加到每个物种种群的独特历史当中。从21世纪回溯至末次冰期，当时气候变暖，物种分布开始变化，而冰期时我们的祖先对这种变化的抵抗也许是大错特错。

狸白蛱蝶:“戒掉”啤酒花,“沉迷”刺荨麻

无论哪个时期，物种总是会选择迁移，以便利用时常出现的新机会，就像是某地的生存条件不再适合某物种，该物种就会在此地消失。多样生物存在的地球就是在这样运转，直到今天也同样如此。

赭石色和巧克力色相间的狸白蛱蝶落在苹果树开裂的树干上，它拍打着锯齿状的翅膀，正在考虑着春天的首次飞行。狸白蛱蝶是

受益于人类的物种之一，随着气候变暖，它们能够北上繁衍生息。同样受益的还有正在我家墙上晒太阳的红壁蜂，该物种得到人类的诸多帮助：在春天，红壁蜂差不多一整天都在我种的花丛中采蜜，在开裂的灰泥缝里为下一代筑巢，里面布满花粉，并且还能享受到暖洋洋的天气。

想要弄明白狸白蛱蝶的生活区域向北扩展的原因，并不需要什么专业的蝴蝶知识，也不用去博物馆花好几个小时在一股樟脑丸味儿的抽屉里搜查陈旧的标本——尽管这件事能给昆虫学家带来乐趣。英国生物学记录中心（The UK Biological Records Centre）和慈善组织英国蝴蝶保护委员会（Butterfly Conservation）已经尽其所能收集大量博物馆记录，让人们能够查阅过去的文献资料并且整理核对业余蝴蝶观察员的记录。所有的资料都已汇总成电子数据库，任何人都可进行查阅[21]。

据记录显示，狸白蛱蝶在 20 世纪 70 年代开始出现在英格兰北部的约克郡，这与针对英国蝴蝶的首次重点调查结果一致。这项调查让约翰·希思（John Heath）、欧尼·波拉德（Ernie Pollard）和我的兄长杰里米得以在 1984 年出版第一本关于英国国内蝴蝶的图册。当时，约克郡还是发现狸白蛱蝶的最北地点[22]，但这种蝴蝶很快就继续朝着北极点飞去，只用了 25 年就到达了苏格兰东北部的亚伯丁。

人类不仅给狸白蛱蝶提供了适宜的气候，而且还提供了食物。狸白蛱蝶幼虫以生长在我家灌木篱墙中的野生啤酒花为食，啤酒花从栽培园“逃”出来，然后在我家生根发芽，该地种植啤酒花是为了给约克郡的啤酒公司提供原材料。这里面包括韦伯斯特啤酒厂，该厂由塞缪尔·韦伯斯特（Samuel Webster），也就是我的高祖父创办于 1838 年，就在我写下这段话的时候，他的画像正在看着我。要不是啤酒公司需要啤酒花，要不是农民种植灌木篱墙和农作物，蝴蝶幼虫也就不会有足够的啤酒花吃。

多亏维多利亚时代的博物学者，我们才得以知晓在啤酒花种植的全盛时期，狸白蛱蝶的确曾飞越过约克郡，但之后它们往南退去，到了20世纪70年代，它们又扩大活动区域。啤酒公司选择从更远的地方进原材料，所以这里的啤酒花已经不常见到。现在这里反而遍地是刺荨麻，农民为求田地变得肥沃，给土地施了大量氮肥、磷肥，刺荨麻的大量生长就受益于此。刺荨麻喜食养料故而生长茂盛，同时也给狸白蛱蝶又一个生存机会。

我的朋友兼同事简·希尔（Jane Hill）有一只毛色明亮的橘猫，它给红壁蜂造成了很大威胁，她很想知道近些年狸白蛱蝶是如何取得如此大的成功，于是她和博士后研究员布丽奇特·布拉施勒（Brigitte Braschler）决定展开调查。她们动身去寻找成年蝴蝶，漫长冬日过后，蝴蝶刚刚苏醒。寒冷阴暗的冬季，这些蝴蝶一动不动地待着，锯齿状的翅膀内侧发黑，几乎无法从冬季枯叶中辨别出来。春季来临，狸白蛱蝶开始露面，它们出来暖和身子，采集花蜜，找寻配偶，至于雌性狸白蛱蝶，它们开始寻觅合适的植物产卵。简和布丽奇特在约克附近和更南边的地方分别捕捉了一些雌性狸白蛱蝶，然后它们被带回实验室，放置在温暖舒适的房间里产卵。

蝶卵孵化之后，一部分幼虫被喂食啤酒花，这是英国狸白蛱蝶的"传统食物"；一部分则食用美味的刺荨麻。照料鳞翅目昆虫数月之后，简和布丽奇特发现，与捕捉于英格兰南部的蝴蝶产下的幼虫相比，新迁移到约克地区的蝴蝶幼虫更容易通过喂食刺荨麻存活。此外，这种优势在较高温度下更显著[23]。研究表明，受人为导致的气候变暖影响，北方的狸白蛱蝶最近已形成喜食刺荨麻的习惯；狸白蛱蝶此前已在约克山谷建立起新的种群，并且持续向更北的地方扩大。气候变暖再加上蓬勃生长的刺荨麻，两者共同推动狸白蛱蝶向北繁衍扩散。

除了交配和产卵之外，狸白蛱蝶自然是没有其他任何目的。它自己也未能察觉出地球的变化。一切都是自然而然发生的。每个个体都会经历出生和死亡，迁移他处，然后再繁衍后代。就这样一直循环往复。狸白蛱蝶经过一代又一代的繁衍生息，气候条件变得更加适宜生存，为更好地享用刺荨麻，细小的变化似乎已发生在它们祖先的遗传密码中；这些变化足够让狸白蛱蝶在仅仅 25 ~ 30 年间从约克迁移至 350 千米之外的亚伯丁。那么到达北冰洋指日可待。不难看出，在持续数千年的人类影响之下，每个物种分布都有了适度变化，你甚至以几十年为时间尺度便可观察到它，如果这种适度变化复制到上百万物种之上，就足以对地球的生物进行重新分布。就像更新世时期物种为应对气候变化在地球四处迁移那样，一切都只是时间问题。

人类导致的气候变化已经发生，而气候变化也带来了一系列动物迁移到新家园的冒险之旅。发现正在晒太阳的狸白蛱蝶和红壁蜂之后又过了几个月，那天我陪家中饲养的狼一起在花园四处溜达，然后就决定顺便数一数园子里有多少种蝴蝶。有一只锈色的狸白蛱蝶，也许是我春天见过的那只的后代，它正在找树莓花的花蜜。这就是外来物种 1 号。雌性眼蝶正在飞来飞去，这种蝴蝶翅膀内侧呈深棕色，上面的白色环状斑十分醒目，它们正忙着把卵产在田野边的生草丛中。这是物种 2 号。树木之间洒下几缕阳光，雄性斑点木蝶落在此处，显得活力十足，它们飞了出去把雌性蝴蝶拦住，还把其他雄性竞争者们统统赶走。这是物种 3 号。火眼蝶轻轻地从灌木丛上飞过，尽情享用着假山庭院中的牛至花。这是物种 4 号。一只深橘色的线豹弄蝶正在一片紫色矢车菊中来回穿梭，该蝴蝶的命名与英格兰偏南部一个郡的名字有关联，线豹弄蝶就来自该地。就在

50 年前，以上 5 种蝴蝶并不在此地生活，后来气候变暖，它们的活动范围也随之扩大。在那天，我一共看到了 13 种不同的蝴蝶品种，有超过 1/3 种类的蝴蝶正在我的花园里飞舞着，其中的 5 种蝴蝶出现在这里完全是人为气候变化所导致的。

受益的不光是这 5 种蝴蝶。2000 年，我搬到了现在的住处，那一整年我就只看到一只硫黄色的钩粉蝶，但在 15 年之后，仅在 5 分钟的时间里我就一连发现 6 只钩粉蝶在树林中飞舞。黑豹弄蝶和线豹弄蝶唯一的区别只有触须的颜色不同，即便是在 50 年前或许也十分稀少。要是把钩粉蝶和黑豹弄蝶也算上的话，那么 2016 年的夏天在我家花园里飞舞的蝴蝶之中，有一半种类都是气候变化的受惠者。当然受益的不单单是蝴蝶。

近些年来，眠熊蜂也随着红壁蜂从南部出发建立起新的栖息地。初夏的时候我还发现一只白鹭。这只白鹭是鹭科鸟类，羽色亮白、趾明黄，它在沿着沟渠飞行搜寻蛙类和昆虫幼虫时，两脚会置于身体后方。自 1996 年白鹭首次在英格兰南部海岸繁衍生息，再到如今我在家中便能瞧见这种鸟类，可见在这 20 年里白鹭的栖息地已遍布大半个英国。人类改变了气候是因，物种分布的改变则是果。

三分之二物种的身份已成“非法移民”

全球野生动植物大军在以不可阻挡之势前行。随着气候变暖，位于婆罗洲北部基纳巴卢山森林深处的飞蛾，和在安第斯山脉森林覆盖的山坡之上生长的树木，它们都向着更高海拔移动。马达加斯加岛的群山里，两栖动物和爬行动物如今都生活在更高的海拔地区。新几内亚的鸟类向高处移动，哥斯达黎加的鸟类也同样离开低海拔地区向上迁移。在美国加利福尼亚州的内华达山脉，哺乳动物与鸟类也都迁移至高处。鸟类已经向北扩大活动范围，跨越了欧洲与北美洲大陆。生长于欧洲山脉间的植被也已向高处移动。北半球海域生活的鱼类、海洋浮游生物与贝类正在急速向北移动，而生活在南半球的则朝南极洲进发。生活在暖水区的澳大利亚鱼类已经聚居在曾经寒冷的塔斯马尼亚珊瑚礁。就连那些未受到气温与降雨直接影响的动物，在其生活的地方，它们所食用的植被与它们的捕食者都已经改变。人为导致的气候变化的印记可谓是无处不在。

这是一个有关得与失的故事。研究人员在近数十年间所研究的物种之中，有约 2/3 的物种为应对气候变化改变了其分布区域，在气候条件得到“改善”的地方，这些物种变得越发常见[24]。在 10 年的时间里，动物将会朝两极移动约 17 千米[25]。就相当于从每种动物物种里各挑出一个，然后将其每天移动约 4.5 米。20 世纪 70 年代中期，人为造成的气候变暖已然显露出来，自此，每年每月每日物种们都在进行着移动。当然，这和实际发生的不大一样。

事实是，一只蝴蝶只会很偶尔地进行一段极不寻常的长距离飞行，大概会有 5 千米，然后在更北的地方建立起新的种群——南半球则是在更南的地方。繁衍几代之后，新的种群已经足够庞大，个体便可以离开，然后开启下一段飞往极点的旅程。一粒种子也可能被风暴吹到千里之外，在鸟腹之中随其跋山涉水，又或是随着车胎缝中的泥巴一同移动。要想去到世界各地，这一路上绝非平坦。但是把这数十年平均下来，所有过程的总体结果还是大量物种正在进行移动，物种在如今气温过高或环境过于干旱的地方消亡，转而移居到气温变暖，适宜物种繁衍的新地方。若这种现象持续几个世纪，我们便能见证全新的生物界秩序的形成。如果我家花园的蝴蝶是个可靠例证的话，那么距离全新生物界秩序的形成就只剩 2/3 了。

在地球上，物种的移动无处不在，这意味着大约2/3的物种已经从一些地方消失，但至少已经生活在某些“新地方”，是那些50年前这些物种还不能存活的“新地方”。随着21世纪徐徐展开，每个物种在“历史上”的分布和其未来的栖息之地，两者的重合将会逐渐减少。仔细观察过去的冰期之后，我们发现物种分布是固定的这一看法十分陈旧过时。比如说，认为某物种是南美洲或者欧亚大陆的原生物种，这样想的确很方便，但是人类首次记录下的关于这种动物或植物存在的精确位置，也可能只是特例，如果将这一猜想延伸开来，诸如此类的猜想则越发的不现实。这只是时间变迁和物种迁移过程中的一个场景，和其他场景一样地有意义，不多也不少。

随着气候变暖，新的生存机会也会增加。当前地球平均温度只有大约14℃，但是多数物种的生理机能达到顶峰要求的温度要远高于此。气温低于10～15℃，热带、亚热带植物的生理机能将会受损，因此温度升高，这些植物才有可能扩大其栖息范围。通常浮游藻类达到生理机能峰值是在15～30℃，所以随着全球海洋气温变暖，它们可能会扩大生长区域[26]。气候凉爽的英国全年平均气温约为10℃[27]，大部分英国昆虫只有在温度达到十几摄氏度时才会完全活跃，通常超过20℃才会达到最佳状态。整体来看，多数物种喜温不喜冷[28]。这意味着，从19世纪末期至21世纪初，全球气温升高的这1℃解放了大量喜温物种。热带物种可以开始涌向亚热带地区，亚热带物种则在温带寻觅新的栖息地，温带生物也可以到极地地区去碰碰运气：这有可能增加移居地的物种多样性。

这种情况已经发生，并且还在上演。最近很多从英格兰南部来的“新移民”定居在我家的花园，但我还没注意到有任何北方物种消失。更加系统地思考一下就能发现，随着南部物种扩大其分布范围，在英国大部分地区的蝴蝶种类变得更加多样[29]。各地皆是如此。

1979 ~ 1998 年，低海拔地区鸟类向高处迁移至哥斯达黎加的蒙特沃德云雾森林，迁移的鸟类数量远远超过高海拔鸟类消亡的数量[30]：来自山坡低处的金冠王森莺、灰头绿莺鹃、艳丽的厚嘴巨嘴鸟和其余 12 种鸟类都开始到高处筑巢，中美洲潮湿云雾林中的代表物种，羽色翠绿鲜红的凤尾绿咬鹃也同样如此。新来的物种要比消失的多，这增加了森林鸟类种类的数量。纵观全球陆地面积，气候变化易于增加大部分地区的植物多样性[31]。若考虑到在世界最炎热地区生活的物种数量，世界上每平方千米的物种多样性，当气候变暖的时候，其平均值将会增加也就不足为奇了。

这里有三点要说明。第一，埃塞俄比亚狼、基纳巴卢山的飞蛾和其他物种都是濒危生物，这点不可抛之脑后。在未来的世纪里，这会导致地球物种总量的减少。尽管地质史告诉我们，如若地球持续百万年甚至更久的高温，那么新物种可能会进化[32]。第二，新地点能够让物种进行繁衍生息，不过物种需要拥有到达此地的能力才行。除非种子能到达可生长的地点，否则植物多样性是不会增加的，最有可能的是，要在人类的帮助下移动。第三，如若此地没有充足的水源，那么该地的物种多样性便会减少。这是我们真正需要担忧的问题。气温高的地方，生物也更加多样化，但只有在足够湿润的地方才是如此，即能够满足植物的生长以及确保以植物为食的昆虫能够进行消化。

21 世纪初，我的前同事罗伯·威尔逊（Rob Wilson）、戴维·古铁雷斯（David Gutiérrez）和哈维尔·古铁雷斯（Javier Gutiérrez）曾到环绕西班牙中部城市马德里的群山中徒步，那时山里愈发得炎热和干旱，他们发现蝴蝶种类的平均数量要少于 20 世纪 70 年代早期，那时气候还未变暖[33]。这是因为该地的气温和物种多样性呈负相关。

去撒哈拉沙漠捉一次蝴蝶，你就会发现与气候更凉爽的西班牙群山相比，由于撒哈拉沙漠过于干燥，那里的蝴蝶种类要少得多。要是越来越多的像撒哈拉沙漠这样的气候条件开始扩大到其他地方，那么山里的蝴蝶便会消失，而且还没有足够多的耐旱生物可替代。因此，就像气候变化促使某地的生物多样性增加一样，同时也会使某地的生物多样性减少。不过将世界各地的数值平均来看，降雨量还是呈增加趋势。海水变暖，蒸发的水量便会增加，最后会以更多的雨水降落下来。更加温暖且一贯潮湿的地方通常可以增加生物多样性，那些降雨量增加的干旱地区也同样可以[34]。

按理说这是个好消息，但这不能成为主张不用再担心气候变化的理由。就如同一杯水，即便 3/4 是满的，但仍有 1/4 是空的。在温度升高且酸性增加的海水中，珊瑚礁的生存受到威胁，若希望埃塞俄比亚狼能在埃塞俄比亚的高山里一直存活下去，那么排放至大气中的温室气体必须减到最少。然而气候在改变，对这个气候愈发温暖且降水量略微增加的世界而言，预计基本上很多地区，也许是大部分地区的物种多样性能够增加。我们已经可以看到，这会由在地表发生的物种迁移来完成。

人类需要接受甚至是鼓励物种迁移，因为动植物在全球移动将会为新的全球生态系统的形成奠定基础，就像过去气候变化之时它们所做的那样。这些迁移者们便是未来生活在这颗变暖的地球上的生命。

狮尾狒以草为食，它们正用粗短的手指拔着草茎。

为躲避正午的热气，一只雄性狮尾狒坐在桉树斑驳的树荫下。

埃塞俄比亚狼的活动范围仅限于埃塞俄比亚的高山，全球超过半数的埃塞俄比亚狼生活在贝尔山国家公园。

狼群栖息在冰冻的非洲高山地区，巨型半边莲和其他冻原山地植被遍布于此。埃塞俄比亚狼正用沾满泥巴的爪子刨土觅食。

穴居动物大东非鼹鼠正是埃塞俄比亚狼的猎物之一。全世界的大东非鼹鼠都分布在贝尔山国家公园，由于人类活动造成的气候变化，埃塞俄比亚狼和大东非鼹鼠均已成为濒危物种。

自 20 世纪 70 年代以来，狸白蛱蝶的活动区域已向北扩大约 350 千米，狸白蛱蝶得以在过去严寒的地区生活。

第 5 章

生物入侵并非传说的那么恐怖

绿油油的棕榈树幼苗繁茂地生长着，从森林一直长到了蜿蜒的马路边上。矮叶棕榈的叶片深裂，在我的车灯前面摇曳不止。这种棕榈树要比世界上，或者说，至少是我在野外亲眼所见的其他棕榈树种生长地更靠北。我以前在约克郡的家里种过，但是没成功。我种下的种子很健康地发芽了，但是幼苗没能成活，总是夏天长高一点，到了寒冬只能修剪掉。我现在参观的地方气候更温和一点，没有足够的地方容纳这片齐胸高、叶子在风中摇曳的棕榈树组成的常绿小树林。

为了更近距离地仔细观察，我打了个急转弯。但是很不幸，因为离得太近，街边的大石头把轮胎侧边给扎破了，我这辆刚租来的车就此抛锚。然后我就被滞留在这片异国土地，周边是异国绿植，简直是活生生的植物标本室。我不会说当地语言，车里也没有足够的工具来换轮胎。我只得尝试和几个当地人比画着交流，结果发现他们的加油站也早已被用做乡间小酒馆，而不是工作车间。

这里四周都是棕榈和云南樟，从这一点来判断的话，我想我得会说汉语或者尼泊尔语才行。但事实是我被困在瑞士的马焦雷湖畔，这里只能用意大利语交流。我们对自己所受过的教育深感失望。我们热情十足地比画着手势，尝试用法语、德语和西班牙语 3 种语言混着来进行交流。我们还给乔瓦尼的妻子打电话，因为她会说几句英语。几个小时后，我继续上路了。在这间既是酒吧又是加油站的店里，热心肠的顾客说服一家意大利汽车救援服务公司，他们同意跨过边境到瑞士给我的车进行检修。

翌日，树影摇曳，棕榈树环绕在酒店游泳池周围，好似拼贴照片，背景是白雪皑皑的山顶，山坡则是郁郁葱葱的树林，背景音乐则是意大利麻雀的啁啾之音。有那么一瞬间，你可能会相信人与自然合二为一，和谐相处，但是马焦雷湖本身就是来自人类纪的一张明信片。这片高山湖十分宽阔，冰退后，冰川刨蚀而形成的槽谷因积满水而成湖，从那时起湖岸四周就开始经由人类进行改造。

大量物种回归，“黑暗森林”重现

末次冰期的末期，气候变化莫测，古代森林草原也随之枯荣不定[1]，但所有的变化都留有人类的印记。我们的祖先杀光了欧洲的河马、森林象和犀牛，还有狮子和伊特鲁尼亚古熊。结果就是这片没有巨型动物的全新森林比它的原貌更具“阴霾”，更加“黑暗”[2]。大约 7 000 年前，马焦雷由石器时代过渡到红铜时代，然后便进入青铜时代。这片森林遭到一次又一次的砍伐，树木被用做烹饪食物和冶炼金属的燃料，以及建造屋舍与畜栏的材料。部分森林被清理出来种植来自中东的农作物，家养牲畜也随之到来。人类有意识地引进有用处的新物种的时期已经拉开序幕。罗马人为了果实而引进了欧洲栗。他们小心地拨开有刺的外壳，露出有光泽的坚果；而坚果会被用来磨成栗子粉。到公元 450 年，栗树已经作为主要树种生长在安科纳群山的森林里，也就是接近这片湖泊的源头之处，一种人工栽培物种回归到了野外。这里的景观永不停步，在此生活的物种也同样如此。

随着工业革命的开始，景观变化的速度加快。1808 年，被称为“意大利曼彻斯特”的古雅的湖畔小镇因特拉诞生了意大利第一架蒸汽纺织机。一批人积累了巨额的工业财富，而这些 19 世纪的富人对乡间别墅和花园十分渴望。这群有钱人热衷于用异国植物装饰这方土地，后来逐渐变成兴趣，直到今天，马焦雷湖的岸边，苗圃和花卉市场星罗棋布。新时代已经来临，最开始的数千年时间里，人类有目的地适当将一些不同种类的农作物、家畜和药用植物运送过来，后来引进新物种的力度得到加强。在那时，棕榈森林生长在欧洲的时代即将到来。

昨夜的冒险过后，我于次日早晨外出。早春时节，洛迦诺的山坡绿得真是出乎意料。离近些去观察，落叶乔木还未将其夏日明亮的颜色展现出来，下层是稍矮的常绿植被，绿色的树冠像波浪般上下翻腾，阴沉沉的，落叶乔木细长的枝条似乎是在镇压这一切。走进这片森林之后，我就被植被的丰富程度所震惊，而我浅薄的植物学知识在此时显得如此匮乏。

其中有一些植物是我所熟知的，特别是本应生活在原生林的那些无叶植物。落叶栎、椴树、椤树、桤木以及罗马人引进的欧洲栗，这些树一到冬天叶子便会掉落，在我英格兰的家乡也有生长。冬青和常春藤我也十分熟悉。多刺的冬青凸显了下层植被，而原生的常春藤则爬满落叶乔木的枝干，给棕色的树枝披上绿色的衣裳，也给森林地面铺满了绿色。还有从欧洲其他地方引进来的物种，比起植物本身，它们的香味我倒是更加熟悉。月桂樱的叶子一压碎就会散发出氰化物的味道，凭此就能辨认出这种树。月桂樱原产自东南欧和黑海地区，如今在马焦雷湖畔树林反倒生长茂盛、一片盎然。月桂可用作植物精油，是厨师很熟悉的植物；在古希腊和罗马时代，月桂被认为是崇高地位的象征，阿波罗，这位古代的神就头戴桂冠。月桂过去在地中海一带的地区生长，此后种植区域扩大，如今月桂在新生林区再获重生，肆意地生长着。

还有一些植物我并不是很熟悉。云南樟高耸挺拔直至林冠，该树种同样可凭气味辨认。樟树由喜马拉雅山脉运至此地，现已成为阿尔卑斯山麓的树种之一，同时也是英苏布里亚新生林的一部分（英苏布里亚是位于意大利北部和瑞士南部的地区；马焦雷湖横跨这两个国家）。樟树生长在此地，此外还有各种亚洲植被：能够形成分根的竹子、胡颓子、阔叶女贞忍冬和原产自中国西部的柳叶栒子；来自中国南方的枇杷树，树上结满橙黄色的果实；巴东忍冬，这种疯长的常绿藤本植物其花黄白，有香草味道，果实小而黑；还有气味芳香的海桐和山茶，欧洲大黄蜂经常光顾它们蜡质的粉色花朵。偶尔也能看到产自美国弗吉尼亚州和佛罗里达州的花色乳白的广玉兰，还有俄勒冈葡萄和产自澳大利亚的银合欢，面对东方的秀丽植物，它们也不甘示弱。这是一片物种繁多的迷人森林，然而它的起源令人难以置信。同时对欧洲的落叶林来说这里似乎并没什么实质性的威胁。这座山的高海拔地区对于这群侵占者来说还是过于寒冷。这一整片森林覆盖马焦雷湖湖岸四周和低温的山坡高处，这里的生物种类要远比过去丰富得多。

实业家负责将远在世界各地的植物运送过来，而把植物从富人家的花园带到野外森林的这趟旅程则是由种子搬运工和埋藏工联合小队完成的，它们大多来自欧洲和亚洲。棕榈的果实富含营养，令乌鸫欲罢不能。乌鸫有乌黑靓丽的羽毛和艳丽的橙色鸟喙，装点了整个欧洲的茵茵草地。这种鸟和以前可不大相同。乌鸫以前栖息在森林中，它们容易害羞，总是躲避人类，但是现在要想在欧洲找到一个城市，里面没有乌鸫蹦蹦跳跳地穿过草坪，也没有乌鸫在灌木从中歌唱，实在是难上加难[3]。

马焦雷的湖滨城镇和乡村到处都是这种重拾自信的鸟，还有原鸽和灰斑鸠，后者在20世纪从印度开始扩大其生活范围直至西欧。此外还有椋鸟和斑尾林鸽，以及它们在城市生存的故事。还有意大利麻雀，这种新物种是由亚洲的家麻雀和欧洲本土的黑胸麻雀杂交而成。许多老鼠和松鼠，它们带着种子逃跑，然后把种子埋到储藏粮食的地方，以确保冬天有食物可吃。再加上它们，种子搬运工的队伍就算是集合完毕了。

这个队伍运送的种子数量惊人。树篱底下、每处花园护栏背面，还有鸟在排便或反刍时待过的树下，都生长着幼苗。森林旁边也能发现大量树苗。野生棕榈已经长得足够高大可以结果实后，那么该地的下层植被就成了名副其实的二代棕榈丛林。种子从最近的种植棕榈的花园里被运到500米以外甚至更远的地方，这差不多是多数鸟类预计每趟可飞行的最远距离。经过一代或两代棕榈树的繁殖，湖岸气候温暖、树林茂密的山坡几乎都会变成青葱翠绿的棕榈林，全程只需要几十年的时间。

仔细检查在苗圃和新实业家的大型地产中关于花园的记录就能发现，大多数回归野外的物种开始生长在英苏布里亚新生林之前，都在该地区的花园中培育了一个多世纪之久。给湖岸披上绿衣的那片高大林木就是落叶乔木。树叶在秋天变得金黄是它们的叶子将要脱落的信号，这是在为严寒冬季做准备，在冬天，阵阵冷空气会从阿尔卑斯高山周围向下朝着马焦雷湖吹来。榛树、黑刺李、山楂树和梾木的林下植物也配合起来，紧接着掉光了叶子，不过要是冬天没那么寒冷，欧洲女贞和杂乱生长的荆棘还会留下几片叶子。

爬满森林地面的常春藤和一些冬青树曾是这片冬季枯黄的树林难得一见的绿植。有数百甚至数千种常绿植物在湖边花园得到悉心培育，得益于训练有素的园艺工人的保护，这片森林在过去可能没有遭受过霜冻的影响，但山中森林里落叶乔木仍占大多数。

工业巨头充当承运人的角色将植物从东方带过来，然而他们一同带来的还有气候变暖，到了20世纪下半叶，该地区冬季的严寒程度得到减轻[4]。冬季变暖，常绿植物随即获得优势。棕榈和樟树现在比椴树长得还要更茂盛一些。只要让乌鸫和松鼠协助它们从实业家的花园里“逃出来”就行。运往世界各地的植物、气候变暖以及半驯化的动物，三者组合在一起便会引起景观的变化。

在20世纪，很多鱼类环游世界的梦想成真了

不只是森林，这片湖里也满是外来物种，而且多数都是20世纪被引进过来的。形似长矛的梭鲈就是进口品种，虽说只是从欧洲其他地方引进而来的。这种鱼在湖水深处生活，其中有条超大的梭鲈让警方不得不出动鱼叉手进行捕捉，因为这个大麻烦把在湖里游泳的6个人都狠狠地咬了，作为补偿，尝起来像玻璃梭鲈的美味鱼肉被游客享用了。希望游客美餐一顿之前，这条鱼还有时间把它的最后一餐消化掉。不过大多数新物种都来自北美洲，大口黑鲈活力充沛，是有价值的捕捉对象，所以该种鱼在美国的密西西比州、亚拉巴马州、佐治亚州、田纳西州和佛罗里达州都被官方认证为州鱼，早在1930年就已经被引进。钓鱼爱好者的热情无疑给了这种鱼一张环游世界的门票。

太阳鱼也是美国品种。黑橙色混合的“假眼”分别卡在鱼的头部两侧，十分醒目，这会让大型食肉鱼类和潜鸟误以为它们的猎物

是十分危险的。美国的鲶鱼则有不同的生存策略：它会躲在其他生物看不到的地方，并且在湖里十分阴暗的地方获取食物，从植物碎屑到昆虫和腐烂的动物都有；为躲过捕食者的注意，鲶鱼选择在晚上觅食。在马焦雷湖生活的32种鱼类中，共有超过1/3是外来物种，但据目前所知，还没有本土物种因此而灭绝[5]。所以说人类出现在这片湖区之后，这里的鱼类更加繁多，就像这片森林如今正滋养着新来的异国乔木和灌木一样。

马焦雷湖因而继续步入人类纪的旅程。人类纪是一个生态进化的大熔炉，全世界的物种——欧洲、亚洲的鸟类和哺乳动物，还有起源于非洲的人类都囊括其中。北美洲、亚洲、南美洲、欧洲还有澳大利亚的植物，它们的种子就是被动物们一同移动到这片曾经全是欧洲物种的森林的。这是一场国际大融合，并且物种多样性十分丰富。这是一个全新的生态系统，按照一些生态学家的说法叫作“人类生物群落”[6]，这是一片经由人类改造的土地。

亚洲和北美洲的树木能成功在此扎根生长，究其原因是由于欧洲缺少相似的常绿植物，这些本土常绿植物已在冰期的时候灭绝。地质学家和植物学家在20世纪用显微镜仔细研究耐腐蚀的花粉外壁和保存下来的树叶，对成为化石的树干内部结构也进行了观察，树干化石是由地质学家和植物学家们在湖底和300万年前奔流的河水形成的冲积层中挖出来的。包括木兰在内，他们由此发现了大量曾经生长在欧洲而如今已经消失的树种的残迹，但现如今这些植物仍然生长在东亚和北美洲。

身材高挑、酷爱高尔夫的延斯-克里斯蒂安·史文宁（Jens-Christian Svenning）是来自丹麦奥胡斯大学的一位科学家，他通过计算得出，在260万～530万年前的欧洲原生树木中，有多达31属树木自此消失[7]，然而还有35属在该地区存活至今[8]。要是你在

300 万年前周游欧洲，你也许会遇到比现在多一倍的树木种类。

由于连续的冰期，欧洲丰富的森林资源变得贫瘠，几乎所有冷敏感的树木（在全年平均气温低于 0℃的地方无法坚持下去的树木）都因此消失，其中包括大部分的常绿阔叶植物。相反，在气候更加适合的北美洲加勒比海边缘和中国东南部，那些冷敏感的乔木和灌木却在冰期活下来了。如今，周游世界的人们正把它们带回来。欧洲原生树木的亲缘植物回“家”了，这一时期人为导致变暖的欧洲气候和 300 万年前的气候条件愈发相似。虽然归来树种和原本的物种并非完全一样，但是也被当作是原生树种正重新在欧洲的土地上繁茂生长。欧洲森林的再次多样化正在进行中。

结成“复仇者联盟”的环保主义者与生态学家

环保主义者和众多生态学家对这种现象并不满意。对外来物种的仇视被认为是完全可以接受的，持有不同看法则无异于是异端邪说。举例来说，新西兰科学家詹姆斯·拉塞尔（James Russell）和英国学者蒂姆·布莱克本（Tim Blackburn）把那些并未十分尖锐地批评引进物种的人与那群动摇“吸烟或免疫接种的风险，艾滋病或气候变化的成因，（还有）进化证据”等科学共识的人相提并论[9]。同时这种对新事物的恐惧已经转化为行动。

从政治层面来看，政府寄希望于通过海关监管来阻止外来物种入内，几乎所有国家都已签署《生物多样性公约》这项国际公约。因此，纳税人坚持进行这种花费巨大的管控措施以及重点外来物种的清除。在本地，环保志愿者也做好了入侵者一进入就消灭它们的准备，同时他们还采取相关措施减少其数量。比如洛迦诺的本地人正把马焦雷湖山坡上的常绿树林砍倒一小片，然后作为代替把落叶的椴树种上，他们试图让无法倒回的历史倒流，然而这只是徒劳。但是我们需要扪心自问，我们所做的是否只是因为怀旧而产生的一时冲动，认为世界应该是其曾经的模样。

如今的英苏布里亚森林确实同以往存在的森林都要不同，但它作为森林所发挥的作用却没有变化。这片森林正在繁茂生长，不断提供着木材、花蜜、花粉、果实还有种子，种子被动物吃掉然后运往他处。这片森林提供了栖息之地，林木根系和藤本植物还稳固了土壤。这片森林给予的益处被人类所看重。

由生态学家和环保主义者组成的环保警察力量需要多久的时间才会准备后退一步，然后使肆意在此生长的引进物种合法化？在英国，任何物种的祖先只要是在 5 000 ~ 15 000 年前到达此处，环保警察的队员们便会一致接受其为本地物种。因此，无论这些物种如何遍地生长，抑或对其他物种产生如何大的影响，它们都会被看作是清白的，且没有对生态造成任何危害。环保人士也和他们一同谴责来自南欧的壮丽的紫杜鹃，该物种于 1763 年首次在英国种植。

他们还厌恶一种一年生的凤仙花，又名“警察头盔”，首次在英国生长的时间是 1839 年，今天在我家路边的水沟，凤仙花炸开的种子散落一地。这种花深受蜜蜂喜爱，其花形似警察头盔，呈亮粉色，故此得到的俗称也出奇得多。例如“宝石草”这个名字体现出了花的美丽；“喜马拉雅凤仙花”则是根据地理来源命名；“小矮人帽架”“警官帽子”“警察帽”还有“警察头盔”，这些名字是为了突出圆顶头盔状的花。

在播放历史剧和纪录片的时候，为与摄制组心爱的乡村别墅相称，他们准备了所能找到的最吸引人的鲜花，而凤仙花就几乎没有不出镜的时候。与拉塞尔和布莱克本同为生态学家的人显然了解得更清楚：喜马拉雅凤仙花是具有入侵性的外来物种。引进物种要想被当地人接受，几个世纪还是远远不够的。

然而，在我的草场上奔跑着啃食鲜草的野兔以及树篱中很招蚜虫的美国梧桐（一球悬铃木），这些物种对生态陪审员来说更具有挑战性：因为无法判决以上物种是属于理想化的过去还是摧毁原生态系统的现代闯入者。欧洲野兔极有可能在大约 2 000 年前经由罗马人引进，而且已加入英国受保护物种名单，所以说欧洲野兔已经被正式接纳并受到本土物种的待遇。

同样由罗马人引进的欧洲栗已经在当地生长有 2 000 年，在马焦雷湖畔枝繁叶茂的欧洲栗显然也已经得到认可，这样看来接纳外来物种所需的时间有 2 000 年就足够了。相反，美国梧桐加入到英国植物群中才不过 500 年左右，仍有很多环保主义者对该物种表示不满（但迫于形势，很少将其挖走）。将排外情绪转化成喜爱之情似乎需要差不多 500 ~ 2 000 年，每个物种所需要的具体时间都很难说。

正如上一章所写的那样，所有当今还存在的物种，它们的祖先已经在地球上来回移动数百万年之久。我们绝不应该假设如今见到某物种的地点就是该生物祖先的起源之地。20 万年前的现代人生活在非洲，随后四散于世界各地，但如今大多数人都认为出生地决定自己是哪里人，而不是把自己当作非洲人。

在追溯祖先时，我们通常把注意力集中到前几代人，以此来找寻地域感和自我身份的认同。但那些过去的地方只是用作短暂停留，我们的祖先处在不断移居之中，正如同人类的基因在地球表层四处移动，并且一向如此。那么去仇视我们的同胞还有其他的动植物，原因只是因为他们或他们的祖先在某一时间身在别处，这样的做法完全不合乎逻辑。在生命的长河中，物种在某时所处的位置并无特殊意义。

全球贸易令物种转移进程加快了 2 亿年

人类还没设计出远距离间物种转移的方法，但是物种转移速度已大幅上升。世界各大陆的移动和位置分布严重影响着陆生物种的发展历史，各大陆像油浮于水面一样，也漂浮于密度更大的地幔和海底之上。地球大陆块主要由花岗岩、沉积岩与变质岩组成，其密度约为每立方米 2.7 吨，海洋地壳则主要由玄武岩构成，密度达每立方米 2.9 吨，密度更大的地幔则是每立方米可重达 3.3 吨。重力决定“较轻”的大陆浮在上面。同时大陆每年移动几厘米，和人的指甲生长速度相似，大陆正以不可抵挡之势将载有动植物的“货物”运往全世界。

尽管板块构造活动进展极度缓慢，板块运动也足以将大陆运送到相当远的距离，有时会产生碰撞形成一大块大陆地壳漂浮于大海之上。10 亿年前就发生过这种情况，各个大陆聚合起来组成了罗迪尼亚超大陆，然后又在 17 500 万～30 000 万年前，大陆地壳组成了盘古大陆。那时，植物和昆虫已经在大陆各地繁衍生长，在盘古大陆上，爬行动物实现了多样化发展，而哺乳动物则不断进化。那时世界上几乎所有陆地生物群都生活在这唯一的大陆之上，除了岛屿物种，这里面有大部分物种后来都不着痕迹地消失了。

盘古大陆最初分裂成两块超大陆：北边为劳亚古陆，南边为冈瓦纳古陆。随后又分裂成更小的大陆，当今各大陆的形状逐渐地显现出来。但是这些大陆又开始出现联合。曾经的岛屿（印度板块）在 5 000 万年前与亚洲大陆碰撞，并在撞击缓冲带上形成喜马拉雅山脉，南美洲（此前曾是冈瓦纳古陆的一部分）与北美洲（劳亚古陆的一部分）联合起来不过才是 500 万年前的事。

阿尔卑斯山脉“很快”就会变得像喜马拉雅山脉一样，并且随着非洲大陆持续向欧洲靠近，地中海有可能会因板块挤压而就此消失。同时澳大利亚和新几内亚岛预计会同东南亚一角相撞，还不忘带着袋鼠作为礼物。有人提出当前分离的大陆预计会在几亿年后再次重聚，组成一个新的、宽阔的超大陆。世界生物群逐渐重新连接的过程，原本需要一亿年甚至更久，这才是地球上生物本来的命运，但是在非洲得到进化的与众不同的猿类加速了这一进程。用远洋集装箱船移动物种的速度比大陆移动快 100 亿倍，飞机则要快 2 000 亿倍。我们已经开始重新连接大陆，这比预期要快得多。

这并不是说，在人类出现之前，遥远的地方就完全处于被隔离状态。微生物对每个生态系统的运行都至关重要，其中多数微生物像尘土一样被吹散或者粘在候鸟沾满泥土的爪子上，然后就这样几乎遍布了世界各地。如今在露出海面的火山岛上生活的所有动植物，它们的祖先必定是在某个阶段搭木筏或是漂到此处。科隆群岛（加拉帕戈斯群岛）和阿尔达布拉岛大型陆龟的祖先并不起源于这些岛屿。它们漂浮在海上，搭上古树干或是植物缠结起来的垫子，然后被冲到远处的海岸。不会飞的鸟类曾装点过各太平洋岛屿，其祖先最早是飞来此处的。目前生活在新西兰的野生生物中，大多数都没能在从冈瓦纳古陆出发的旅程中存活下来，它们到达这里的时间要更晚，随后便在隔绝的状态下进行进化[10]。物种在地球流动的速度远远快于大陆运动的速度，但仍慢于人类协助下的激流之势。

对于这个加速连接的现代世界，新盘古大陆是个十分贴切的比喻。通过在地球表层移动物种，人类带来了生物间的碰撞，每一次，正如地球上生命的历史一样永久，也正如过去大陆相互碰撞，物种有时会漂洋过海一样意义深重。我们正在让生物界的物种再次相聚。我们究竟跋山涉水了多远，这有待讨论，但在 1500 ~ 2000 年之间，有 971 种鸟类被当作“外来”引进物种放生到各地[11]。这大约已经占了全部鸟类品种的 9%，随着时间流逝，所占比率也得到显著增加。在历时 500 年的研究中，光是最后 17 年调查的物种就占所有记录在内的引进物种的 1/4。

一项名为 DAISIE（解决欧洲外来入侵物种名录）的计划也得出了类似的结论。该计划证实，到目前为止生活在欧洲的“外来”物种刚好超过 1.2 万种[12]。这差不多是当前欧洲陆地与淡水物种总数的 10%，不过外来植物所占比例（目前生长在野外的植物物种中有超过 1/3 在国际上取得了成功，即它们已经开始在其他地方落地生根）要远高于外来动物的约 4% 的比例。这还是低估了的数量，因为引进物种列表中还缺了真菌和体积最小的昆虫。鉴于植物群是生态食物链的基础，我们可以预料到，与植物联系紧密的昆虫和微生物的多样性在接下来的数个世纪中将会迎头赶上。

这个过程实在是令人难以想象的快。欧洲和美洲新大陆建立贸易关系标志着全球贸易的出现，在这一时间物种转移的速度真正开始加快。形成如今的局面大概花了有 500 年的时间，每百年便能见证比前一百年更多的变动。

按照当前的转移速度，要想完成这份工程可能还要再花费千年左右的时间。这段时间足够让新来的物种出现，对于最近移居大陆并已建立起种群的物种来说，要想扩大其生活范围这段时间也应该是绰绰有余。假设运输货物和运送人类一直继续下去，用不了 2 000 年全球动植物地理分布的位置将会完全改变。从地质学角度来讲，这几乎是瞬间的事情。纵观世界历史，我们正处在巨大生物堆积的中间，这是人类纪无法抹去的印记。

在未来不出 2 000 年，人类将会使新盘古大陆重新聚合，这可要比原定进程提前大约 2 亿年。

外来掠食性动物缘何与疾病一起臭名昭著?

尽管我对于生态学家和环保人士对新物种到来的态度持有怀疑，但他们的担心是完全合理的。物种一旦在非原生地建立种群，那么由此造成的不良影响将会无法避免。这也难怪某些外来物种的名声不太好。大约 3 500 年前，具有侵略性的人类、犬类和波利尼西亚鼠共同乘船从东南亚出发，并在三次入侵浪潮中分散到太平洋各处。由大型、中型和小型掠食动物组成的致命组合带给了被侵略岛屿的原生物种无法逾越的挑战，该致命组合引起了大范围内岛屿的生态破坏，北至夏威夷岛，东至复活节岛，最后他们定居到新西兰，这才是 700 年前的事情[13]。

本土鸟类、蜗牛、昆虫和植物自其祖先在数百万年前聚居在岛上生活以来，它们从未见过如此聪慧的陆生哺乳类掠食动物。随之而来的是大量物种灭绝，几乎全世界鸟类物种的 1/10 就此消失[14]，该话题将在下一章继续讨论。接着在近几个世纪里，欧洲人配枪而来，一同到达的还有多种生命力顽强的物种：鼠类、猫科动物、白鼬、蚊子、禽疟、蛇、蚁还有捕食性蜗牛，新入侵者由这样一群野生动物组成，它们完全有能力将岛上更多本土物种铲除干净。

物种遭到灭绝的可不止远方的岛屿。要说最糟糕的大陆入侵者，还得要数一种真菌——蛙壶菌（*Batrachochytrium dendrobatidis*）。该真菌是现今传播最广泛也是最成功的物种之一，这还是多亏了妊娠测试。在便利的怀孕试纸发明之前，可以说，要想搞清楚是否怀孕得要跑到医生那里一趟，手里还得拿上尿样。然后医生会向非洲爪蟾（*Xenopus*）询问结果，这是南非的一种爪蛙，在当时这代表着妊娠测试的一次革命[15]。样本会被寄送至实验室，技术人员将女性尿液注射进雌蛙的后肢。若尿液中含有足量的人绒毛膜促性腺激素，那么这只运气不怎么好的青蛙在早晨便会产卵，这就表明该女性怀孕了。

不幸的是，非洲爪蟾被查出携带有壶菌这类皮肤真菌，病原体被冲进污水之中，并随之流入沟渠、溪水和河流里，它也有可能寄生到逃跑的青蛙后背上。最佳猜想便是蛙壶菌源自非洲，但它能寄生在全世界青蛙和蟾蜍的皮肤上，从而轻而易举地将蛙壶菌传播至各处，威胁着数百种物种。有些受到侵染的青蛙和蟾蜍极易感病[16]，然后就此消失，例如中南美洲的丑角蛙，但有些蛙类有抗感染的能力，故此存活下来。

太平洋所经受的祸事，非洲内陆湖泊遭到引进的掠食性鱼类的扰乱，因此而灭绝的鱼类若无千种也有百种，还有在美洲新大陆因遭受壶菌感染而死亡的丑角蛙，这些事件更好地解释了外来掠食性动物和外来疾病被冠以恶名的原因。

自从人类走出非洲进入这个毫无防备的世界，入侵物种（如果把人类归为狩猎者）可能是造成脊椎动物灭亡的唯一主要原因。若让我选择，我会很乐意从那些超级成功的物种中，选出引来麻烦最多的几种并将其遣返回原产地，然后让已经灭绝的物种重新复活。但那就不再是我们生活的世界了。此外，入侵物种已经不在威胁名单的上位圈里[17]，可能是因为那些极易受到来自远方大陆闯入者影响的，处于隔离状态的生态系统和物种已经遭到了入侵。

十数定律：1 000 种外来物种，“关键种”仅 1 个

然而比起物种灭亡，更值得注意的则是导致其余物种灭绝的外来物种其实很少很少。太平洋地区物种的消亡多数是由于上文提到的组合：由大型（人类）、中型（犬类）和小型（鼠类）掠食者所

导致的，剩下物种的消失则与少数其余食肉动物和疾病的到来有关，例如禽疟还有传播禽疟的蚊子。人类将上千种外来物种运往大洋洲的群岛之上，也只有几十种造成了本土物种的灭绝。在世界上面积最大的大陆上，导致其他物种灭绝的外来物种数量甚至更少[18]。除去一些例外，包括两栖动物感染的壶菌病还有北美洲的栗疫病[19]，从整个大陆范围来看，外来物种几乎不会造成本土物种的灭亡。

这倒不足为奇。有些研究人员很久以前就在研究不同种生物间的相互作用，他们已证明只有少数物种才能对其他物种造成重大影响，而大部分则不会。北美生态学家罗伯特·佩恩（Robert Paine）在 1969 年首次认识到这一点，他把时间都用来在岩质海岸四处探寻，该处海岸靠近华盛顿大学，也就是他工作的地方。这里有一种相当少见的海星，他发现这种海星对海岸上几乎其他所有的物种都有巨大影响[20]。他将其称之为"关键种"。当他通过实验把这种暴食贻贝的海星移除之后，贻贝便大量生长，抢占了其他曾经生长在岩石上的动植物的生存空间。整个生物群落由此发生变化。尽管佩恩理应因提出"关键种"这一概念而被人铭记，但他在实验中操控的大部分物种所产生的影响微乎其微，这一点也需要承认——否则，海星的实验也不会如此引人注目。

一向热情洋溢的戴夫·拉法埃利（Dave Raffaelli）对佩恩的研究很感兴趣，于是便动身前往苏格兰亚伯丁郡北部的艾森河河口泥滩，打算去验证佩恩的观点。这里一片荒凉，狂风肆虐，那么拉法埃利蓄一脸胡子来挡风的决定或许就说得通了。在前期工作中，他并未找到任何"关键种"，就在拉法埃利感到沮丧的时候，他忽然想出来一个新计划：依次添加和移除尽可能多的物种。他认为这样坚持下去就会有成效。

为了找到这个神出鬼没的"关键种"，他花了 10 年甚至更久的时间通过实验来添加和减少物种，最后他宣布放弃了。这里没有“关键种”。多数物种只能产生相对较小的影响，这一结论对大家了解生态系统至关重要。在特定地点，有时会有一两种对其他所有物种产生巨大且深重的影响，例如佩恩所做研究里的海星；但有时并没有这样的物种。大部分物种进入某个生态系统或从中移除，对其他物种几乎没有影响。

外来物种也同样如此，到达新地方的物种之中只有10%左右从笼子或花园中逃出（成功定植），逃跑的物种中又大约有10%才能完全在野外建立种群（成功扩散），那些建立种群的物种里大概只有10%才继续被当作害虫或者杂草（成功入侵）。所以说是1/10的1/10的1/10，故此约克生物学家马克·威廉姆森（Mark Williamson）将外来种入侵过程滑稽地总结为“十数定律”（Tens rule）[21]。这个比率随着地点不同也稍微有些变化，大致来讲，1 000种外来物种中只有1种能够对本土动植物造成真正的“问题”，这与佩恩在群落生态学中的“关键种”观点以及拉法埃利未能找到任何“关键种”的最终结果是一致的。

人们说这些物种是害虫或是杂草时，这通常只意味着它们生长得更加普遍，其他物种实际上也不会遭受灭绝的危险。外来物种和其他物种一样：有些物种会造成重大影响，而大部分则不会[22]。因为绝大多数物种造成的影响极其有限，所以大量引进新物种通常会增加该地物种种类的数量，正如我们所看到的马焦雷湖的森林和湖水那样。当大量新来的物种建立起繁殖种群，几乎没有本土物种因此而走向灭绝。

就连物种灭绝多发地之一的新西兰也是一样。当我和妻子海伦陪同入侵生物学家杰奎琳·贝格斯（Jacqueline Beggs）来到新西兰最大的城市奥克兰游览时，我们就像回到了家乡一样。伊甸山耸立在这座城市中，山上古老的火山锥顶部是一片物种丰富的草地，且大部分植被都源自欧洲。车前草、天竺葵、酢浆草和欧洲草坪草混合散发出的气味和我自己家的干草地一样。但漫步至奥克兰附近的其他森林区域时，却几乎看不到外来植物。不过确实有一些引进物种生活在这片森林：来自喜马拉雅山脉的印度姜花；来自南美洲的紫露草（*Tradescantia*）；来自南非的香茶菜（*Plectranthus*）。尽管这些外来植物生长在这里，掌控这片森林的依旧是新西兰原生乔木、灌木和蕨类植物，而且没有任何迹象表明外来物种将会导致本土物种的消亡[23]。

这件事一再被讲起。因为每一种新物种的到来就会灭绝的本土物种数量平均少于一种[24]。外来物种的到来不仅令新西兰植物群的多样性丰富了将近一倍[25]，而且在夏威夷群岛和太平洋的其他地方也是如此。新物种纷至沓来，这些岛屿的植物多样性似乎只有在增加，不断地增加，看不到尽头[26]。脊椎动物也是这样。尽管夏威夷群岛的本土鸟类灭绝数量很多，但这些岛屿如今成了众多不同种类的引进物种的家园：哺乳动物、蜥蜴、蛙类和淡水鱼类，当然还有鸟类[27]。

各地区的物种多样性都得到了增加。以英国为例，野生鹿的种类从最早的 2 种增加到现如今的 6 种。在近 2 000 年的时间里，1 875 种外来动植物已经在英国建立起野生种群，而且大部分还是发生在最近 200 年里；虽然有些物种确实因为其他原因而灭绝，但据我们所知，并没有原生物种因此而消亡[28]。这种模式不断在全球各地重复[29]。美国各州通过引进物种，植物的多样性大约增长了 20%，各河流流域的鱼类种类也经历了类似的增长。

在英国，外来物种与灭亡物种（因物种入侵而导致的）的比例是 1 875 : 0，这值得我们反思。面对如此低的比例，关于立法禁止外来物种这件事我可能不必再过于担心。有些外来物种的确会引起生态变化，举例来说，某种引进的小龙虾会被另一种所取代，但还到不了本土物种灭绝的程度，而且变化才是生物界运行的常态[30]。

成功入侵物种大多只是填补了生态空隙，然后牢牢抓住人类创造的新机会。我们改变了世界上的栖息地：草原变为森林，森林又变成草地，城市沿着海岸崛起。经由人为介入的微生物、真菌以及动植物的运输迅猛增长，这加快了物种填满人造栖息地的速度。在新西兰的森林中，大部分生长于此的植物已经在这里栖息数百万年，然而在奥克兰的人工草地和郊区，这些地方主要由来自欧洲、澳大利亚和亚洲的物种掌控。

英格兰与新英格兰的林地通常由原生的乔木、灌木和下层草本植物组成,而在人造栖息地,占主要优势的则是源自更远地方的植物,它们来自海岸边沙丘、山崖峭壁或从其他大洲引进而来。在美国蒙大拿州米苏拉市的大学校园里满是引进的欧洲鸟类，后面的森林则栖息着本地物种。因为人类改变了地球气候，其他机会也由此出现，我们从温暖地区运送来的外来物种能在新的环境下茁壮生长。生物界一直处于运动中，同时也不断利用人类创造出的新机会。

不过生态和进化中空隙的存在还有其他原因。举例来讲，许多海洋岛屿因为太过遥远，以至于陆地哺乳动物无法在此聚居生活，那么外来物种的到来正好填补了这一空隙。欧洲缺少常绿阔叶乔木，这是历史上出现的冰期所导致的结果；不过现如今物种的引进已经填补了这项空缺。有大量物种,它们一边在填补历史所遗留下的空隙,同时也在利用人类创造的机会；在人类改造的地球上，它们是最初的继承者。

马焦雷湖就是这个新世界的象征。从世界范围来讲，瑞士里维埃拉也许并不具备典型性，也没有地方可以具备典型性，但是这里有很多共同特征。狩猎、农业、林业、工业、园艺业、渔业和旅游业，更不必提气候变化，它们所导致的结果都在当地景观里清晰可见。随着栖息地呈现出新的多样化，物种数量得到增加，意大利麻雀这种由于人类的到来而出现的鸟类，正在湖畔别墅的屋檐下筑巢安家；农田中出现了黄鹀、三叶草和狸白蛱蝶的身影；绿啄木鸟、欧洲泽龟和老鹳草栖息在高尔夫球场；黄色的欧亚山茱萸、啁啾叫着的树麻雀、硫黄色的钩粉蝶装点着绿篱；蜡嘴鸟、毛色黑红的松鼠和菩提树则生长在森林中。随着上千种园林植物的引进，物种数量再次得到增加，湖中也满是刚来此地不久的鱼类。另外，气候变得温暖使常绿阔叶植被能够在周围的森林安家。这个世界已然变成一个大熔炉——新盘古大陆，在短短几个世纪便会将地球改头换面。结果之一就是未来的欧洲森林只会容纳更多的物种，而绝非更少。

这并没有那么恐怖。我们不得不面对现实，并且接受世界生物系统的本来面貌。从长远来看，只有不断迁移而且成功利用新环境的物种才会得以生存并繁荣发展，从而确保它的同类能够在地球上存活。人类改造的地球将会由成功生存的物种继续继承。

马焦雷湖北端位于瑞士境内，在这里，棕榈、云南樟以及其他来自亚洲和北美洲的常绿植物茂密生长。

第三部分 第6次生命起源

NHERITORS
OF THE EARTH

在第二部分，我集中阐述了生态的变迁。人类对动植物的开采、生物栖息地的变换、气候变化以及物种迁移，使得许多物种的丰富度和地理分布有所提升，但同时也引发了一些物种的衰退与灭绝。这导致部分地区的生物多样性有所降低，而另一些地区的生物多样性却在增加。这些生态变化恰如其分地处在环境思维的最前沿。然而，人类同时开启了一段与世界生态转变同等重要的进化变迁时期，从长远来看则更是如此。当环境发生变化时，生命会通过进化产生根本性质的响应。进化是地球生命从灾难中复苏的方式和手段。

在过去的5亿年里，地球上的生命经历过5次生物大灭绝，曾经存在的物种至少有3/4由此灭绝，但这也在随后的数百万年里造就了生物复苏与多样化的各个阶段。每一次大灭绝之后都会产生新的生命形式，而这些新的生命形式将继续主宰地球的历史。在人类创造的下一次大灭绝中——有人称之为第6次生物大灭绝——我们需要考虑人类是否正濒临第6次生命起源。这正是本书第三部分的主题。

在5次生物大灭绝后，一些物种在复苏的最初阶段就蓬勃发展起来，而另一些物种的数量则急剧缩减。我们也许会认为这只是生态变化，但是，得以在新环境中获得成功的物种特征，也是曾经进化的产物。鸟类与哺乳动物都成功渡过灾难，而体型更为庞大的恐龙却在白垩纪末期灭绝了。这是史上最大规模的一次进化革命。在第 6 章中，我将讨论人类纪时期部分成功物种和失败物种的具体特征。某些物种在进化的过程中会被其他物种所取代，这已经是人类纪不可磨灭的特征之一。

那些得以幸存的物种已经开始在新的物理和生物环境中生存。每个物种的每一群体都经历了变化，包括气候、海洋的酸度、大气中的二氧化碳含量、土壤及水分中氮含量的增加以及新物种的入侵。由于几乎所有的物种都会发生遗传变异，随着种群和物种为应对这些新挑战而做出改变，进化演变也会不可避免地发生。我将在第 7 章和第 8 章内容中讨论这些问题。在第 7 章中，我将对某些个体及群体是如何在栖息地条件发生变化时生存得更好来做出评价。在第 8 章中，我将探讨当某些物种抵达新环境并首次与其他物种相遇时，泛大陆群岛上的进化革命是如何加速进行的。

第 7 章和第 8 章内容也会介绍一些更令人惊讶的事实。为了适应新的环境，新的物种似乎正在以最迅猛的速度出现。物种数量的不断增多驱使着世界各地的“冒险家”物种与远亲发生接触并与之形成杂交，我也将在第 9 章中提到这些内容。这些事件正在产生新的进化形式，有时还会产生新的物种。意大利麻雀就是其中的一个代表。尽管这看起来很不寻常，但如今新的植物物种的出现速度可能要比地球历史上的任何时期都要快。新时代已经到来，我们将会见证进化革命的加速和新生命形式的诞生。虽然这些物种中有许多都将不复存在，但对人类而言，正是这些物种在引发我们去重新思考人类与自然之间的关系。

第6章

人类纪时期，物种的“成”与“败”

本将灭绝的南秧鸡，却在人工草坪“安居乐业”

1962年，英国著名的自然学家、作家及动物园管理员杰拉尔德·达雷尔（Gerald Durrel）来到新西兰，寻找南秧鸡的踪迹。他和他的摄制组前往一处有南秧鸡群出没的地方，那是新西兰南岛偏远的西南部、默奇森山脉高处的一座山谷。达雷尔被倾盆大雨淋得浑身湿透，快要冻僵了，但眼前的景象让他暂时忘记了身体的不适，他惊讶地看到，一只色彩鲜艳、具有鲜红色鸟喙、体型类似鹅的鸟类，从一簇被雪覆盖的草丛后面跳出来。

达雷尔后来回忆起来，在他们所在的山谷，南秧鸡又一次消失得无影无踪，整个山谷笼罩在雨云之下，他和摄制组不得不撤退到临时驻扎的山间小屋，“每个人分了一小口威士忌和茶”，身体才慢慢暖和起来[1]。他继续回忆道：“多年以来，我一直在世界各地搜寻着各种动物的踪迹，我再也不愿想起我们在南秧鸡山谷逗留的那段时间过得有多难受。”正是这样的环境令南秧鸡得以存活下来。这种鸟就是这样。最终还是威士忌拯救了达雷尔。环境是如此的恶劣，但与这些不会飞的鸟相比，大鼠、猫、白鼬以及其他外来的南秧鸡捕食者所遭受的不利影响要更为巨大。这些濒临灭绝、行动迟缓的鸟儿们因此坚持了下来。

默奇森山脉是南秧鸡最后的生存家园，南秧鸡仅存在于新西兰，且只有两种，生活在这里的最后一群南秧鸡就属于其中的一种。20世纪80年代初，捕食者本身及其与外来鹿种的激烈竞争给南秧鸡带来了灭顶之灾，其数量一度仅剩百余只。直到一系列的集中保护项目陆续启动，它们才从濒临灭绝的困境中解脱。为了减轻对牧草的争夺，人类在直升机上对鹿群进行了射杀；为了增加南秧鸡的数量，人类开发了圈养繁殖项目，采用仿造南秧鸡喙的布袋木偶喂食装置进行投喂（防止幼鸟对人类产生印记行为），再将人工饲养的南秧鸡放生到安全的近海岛屿上，用来诱捕并毒死捕食动物。在那之后，类似的诱捕据点又相继建立在7个近海岛屿上。即便是这样，如今存活的南秧鸡也不过280只左右，但是至少其数量有所上升，人类也还有机会再见到它们。

在达雷尔探访南秧鸡后的50年，我和妻子也来到了新西兰。在奥克兰附近豪拉基湾的一处良性气候保护区，就在缇里缇里马塔基岛的咖啡馆和游客中心后面，志愿导游安娜贝拉（Annabelle）把我们喊到了洗手间旁边。就在那里，我们看到了一对南秧鸡——大概有半米高，身体发出蓝黑色的微光，羽毛呈绿色，鸟喙看起来像是一块亮红色铁砧的端头。我从没想到自己这辈子能见到南秧鸡。

如果这对弓形腿、动作笨拙的南秧鸡父母已经足够令人惊讶了，那这只雏鸟一定会瞬间抓住你的眼球：毛茸茸的灰黑色身体让人联想到电影中的小霸王龙，正摇摇晃晃地追赶父母的步伐。它们连大鼠或白鼬都打不过。如果时间倒转回还没有哺乳动物的新西兰，这种生物的存在似乎还能说得通，作为黑水鸡、黑鸭、紫水鸡等禽类的重量级亲缘物种，只要它们的栖息地能远离那些捕食动物，南秧鸡那时是可以在低地生存并繁殖的。

大家可能会提出合乎情理的质疑：为何这些南秧鸡会出现在卫生间附近的草坪上，而非人类一直致力于修复的“原生灌木丛”中？这个问题大概可以这样解释：这只笨拙的小怪物和它略显肥胖的父母，躲开了较为坚硬的原生植被，正试图用草坪上营养丰富的欧洲原产草原植物来养肥自己。与距离栖息地只有 10 米远的原生灌木丛相比，南秧鸡所食用的植物群反而与 1.8 万千米以外我居住之处的草地有更多的相同之处。并不是所有的外来物种都对南秧鸡不利，而消灭天敌只是在表象上对生存环境进行恢复。

对南秧鸡来说，成功引入的外来哺乳动物非常可怕，但成功引入的外来植物却美味得很。这个繁殖项目的另一点古怪之处就是，没有任何历史记录证明南秧鸡曾经在缇里缇里马塔基岛生活过，而如今生活在岛上的是南岛南秧鸡，而非已经灭绝的、体型更为巨大的北岛南秧鸡，后者曾经生活在邻近的大陆上。但是据我们所知，这两种南秧鸡以前都生活在低地，而并非生活在缇里缇里马塔基岛上。

有些人并不喜欢这种动物园般的保护方式——控制捕猎动物、喂食外来植物，把南秧鸡的“错误物种”引入到新的岛屿栖息地。但是，在一个万事万物都有可能会改变的世界里，这就是现实。我们别无选择，只能去适应这种规则。

大量猎杀入侵动物就能保护濒危物种吗?

人类真正面临的挑战是，世界上有些物种的数量逐渐达到了顶峰，而另一些物种却数量越来越少。南秧鸡就是众多失败者之一，而大鼠、白鼬等物种却在蓬勃繁衍。这是个难题。地球上的生命史是一个优胜劣汰的过程，成功的动植物总是会取代那些被实践证明不成功的动植物。我们是应该顺应适者生存的法则、让这些赢家取代输家，还是应该从中干涉、让输家存活得更久一些?

这一矛盾在新西兰显得尤为突出，所以人类居民决定代表失败者采取一些行动。他们的目标是减缓大陆物种入侵新西兰的速度，向已经在新西兰扎根的“外来物种”宣战，并对每个珍贵的稀有、濒危物种进行培育。这种做法自然是可以理解的。不同寻常的岛屿遍布新西兰各处，它们独一无二，其中许多岛屿都是民族和文化骄傲的源泉。

与此同时，这些岛屿也具有相当的科学价值。由于新西兰是一处土地面积巨大的岛屿，在海洋中独自存在了相当长的时间，因此成为许多古代物种最后栖息地的代表，其中包括鹦鹉（高山鹦鹉、卡卡鹦鹉以及在夜间活动且不会飞的鸮鹦鹉等）和喙头蜥，它们也曾在世界上广泛分布。而新西兰是这些物种唯一没有遭到取代的地方，就像狐猴只存在于马达加斯加一样。正因为有如此多的濒危和特殊物种，这个岛国的人类居民如今梦想着要移除祖先所引进的哺乳动物捕食者,从而拯救这片土地上的“合法”居民。他们已经开始行动了。

新西兰人的设想是要消灭大鼠、小鼠、野狗、负鼠、猫、白鼬、黄鼠狼和古怪的刺猬，在大量的近海岛屿上重新建立起没有哺乳动物的世界，而缇里缇里马塔基岛就是其中一座海岛。通过这种做法，新西兰的环保主义者已经成为世界上灭绝行动的先锋。他们乘坐直升机或飞机，在整个岛屿上空投通用的哺乳动物毒剂，杀死所有吃掉饵料的“害兽”。继空中轰炸后，地面还会继续维持毒物投放站和陷阱，以确保这些岛屿完全摆脱哺乳动物掠食者，成为濒危动物的天堂。

新西兰人并不满足于捕杀近海岛屿上的哺乳动物，他们已经开始在大陆的部分地区建造囚禁捕食者的围栏，然后杀死那些不幸生活在囚笼里的啮齿类动物、鼬科动物（白鼬、鼬鼠和黄鼠狼）以及负鼠。猎杀哺乳动物的民众甚至还组成了志愿者团体，在非囚禁区域内进行毒杀和诱捕。由于这些地区并没有固定围栏，所以这些志愿者需要持续不断地工作，每个周末都要去丛林中猎杀哺乳动物。他们在濒临灭绝的新西兰动植物可能会再次繁盛的区域周围架起了一道防御线。他们渴望让新西兰的那些超大蜗牛、巨型昆虫、古老的鳄蜥和本土植物都能在这场对抗哺乳动物的战争中受益，但真正实现公众想象的却是本土鸟类。只要某个海岛、大陆囚禁区或者非囚禁死亡区一赶尽捕猎动物（或者捕猎动物的数量已经充分减少），当地居民就会尽可能多地将新西兰的濒危鸟类重新引进这一区域。

尽管我很欣赏这种努力，也很欣慰能有机会见到笨笨的南秧鸡，但是整场行动的确面临着三个主要问题。首先，早在人类抵达新西兰之前，许多曾经生活在这里的鸟类就已经灭绝了，所以人们永远不可能恢复原始的生物群落。其次，要想在缇里缇里马塔基岛或新西兰其他任何区域彻底清除某种起源于其他大陆的昆虫、植物或真菌，这都是不可能的。就整个动植物群而言，对陆生哺乳动物的驱除只是触及表面而已。最后，也是最困难的，即所有的努力都只是为了延缓失败。世界上最成功的这些动物可以暂时被阻挡在海岸之外，但却不能永远被阻挡。我们可以在偷渡的波利尼西亚鼠和漂洋过海的白鼬把爪子大胆伸向禁区的那一刻杀死它们，可一旦人类离开了新西兰，或者厌倦了拯救南秧鸡，这些岛屿将在几十年或几百年内再次遭到入侵。这些岛屿离大陆很近，白鼬可以游泳过去，所有的“受保护物种”将再次灭绝。拯救南秧鸡、鸮鹦鹉、喙头蜥、老鼠大小的蟋蟀以及茶碟状的蜗牛的挑战只是被延迟了，而并没有得到解决。所有保护项目最根本的困难就在于，某些威胁物种比其他受威胁物种更加成功。这些受保护物种只有在人类积极、持续的干预下才能存活。

环保主义者意识到捕食动物的再次入侵将会是一个严峻的问题，他们也意识到每个近海岛屿（以及大陆囚禁区）的面积太小，不足以养活有繁衍能力的南秧鸡种群。他们不仅要防止哺乳生物再次入侵，还要防止动物在岛屿之间来回迁徙，将许多残遗的小群落恢复成合理规模的群落。如果大陆上也不存在哺乳动物，这两个问题就都不会出现。大鼠不会再入侵近海岛屿，更妙的是，我们还有可能再次在大陆上放生不会飞行的鸟类和迟钝的爬行动物，让它们自由漫步、收复家园。因此，新西兰最新的国家战略是让整个新西兰“摆脱捕食者”。

事实上，这个巧妙的计划有一个小小的缺陷。没有人知道该如何在整个新西兰范围内消灭这些令人讨厌的哺乳动物，也没有人知道该如何保证新西兰不会再次受到捕食动物的侵害[2]。可能更实际的做法是将南秧鸡释放到太平洋上面积更为合适的其他偏远岛屿上，那里不存在本土的爬行鸟类，且捕食者入侵的风险更低；或者是将南秧鸡释放到南部海洋的某些寒冷岛屿上，那里的大鼠已经灭绝了。

迄今为止，令人印象最为深刻的一个项目曾经受到了新西兰环保主义者成功经验的启发，但并不是在新西兰施行的。2011~2015 年，邓迪大学远程环境研究中心的坚定动物保护主义者托尼·马丁（Tony Martin）发起了一个项目，在南乔治亚岛 3 700 平方千米的岛屿上空大量空投毒药来清除大鼠和小鼠[3]。尽管还需要进行随访调查来确认是否有零星存活的鼠类，但总的来说这个项目获得了空前的成功。它不仅完成了迄今为止最大范围的生物清理，而且南乔治亚岛地处南大西洋的偏远位置且人口极少，这使得该岛屿的生物防护措施更加切实可行。然而，即便是在这短短的 5 年时间内，一次偶然的船载鼠入侵事件的发生就直接将整个项目的成果化为乌有。这提醒我们，人类正在进行的是一场永无休止的战斗。无论实施何种规模的项目，濒危物种的问题依然难以解决。所有重建起不稳定生态系统的项目都必须无限期地加以保护，来阻止大陆生物的再次入侵。

人们不太可能将大鼠和小鼠彻底从整个新西兰范围内清除。除非立法禁止通往新西兰的所有货物和人口运输，否则防止啮齿动物的复苏将是一项无比艰巨的挑战。新西兰最初遭到了波利尼西亚鼠的入侵，它们被人类从东南亚故乡带到整个太平洋地区的岛屿，直到被聪明的黑鼠取而代之。我们囤积在热带亚洲地区房屋和谷仓里的食物在运往世界各地之前，都遭到过这些黑鼠的盗窃。黑鼠随后又被来自中国北方的褐鼠所取代。

在啮齿类动物迅速扩张后，人们采取了一系列措施来努力遏制这种趋势，却收效甚微。历史经验告诫我们，要想在大面积的地理范围内消灭任何鼠类，行之有效的方法只有一个——那就是等待另一种战斗力更强的老鼠来取代它们。波利尼西亚鼠、黑鼠、褐鼠，下一种又会是什么呢？世界上存在600多种与大鼠或小鼠相似的啮齿类动物。候选名单上的物种有很多，我们没有任何理由可以推断出全世界所有啮齿动物的演替已经终结。

支持弱者值得尊敬，支持强者更加奏效

与其试图减轻人类祖先的罪过、防御来自大陆动物无休止的围攻，不如顺其自然。如果我们摆脱“旧物种优于新物种并且要保留下来”这种假设，那么很明确的是，当我们把哺乳动物、鸟类、爬行动物和两栖动物的物种数目累加起来，如今存活在新西兰的脊椎动物种类显然要多于人类定居新西兰之前，而植物的种类更是以前

的 2 倍，同时也要算上寄居而生的昆虫的引入。

即使有少量的外来物种会完全灭绝，还有一些会转移到特定地区，但是大多数外来物种都不会消失。不管是出于念旧，抑或是因为我们觉得外来物种的存在有助于植被的维护（这些植被与不会飞的鸟类共同进化了数百万年），如果我们想要在海岛上为不会飞的鸟类建立容身之所，那么这些鸟类必须能够与大鼠、猫及其他大陆物种共同生存。事实上，试图恢复生态群落并没有太大的意义，因为有些物种脆弱到只要嗅到一点点白鼬的气味就会灭绝。

我们应该将目光转向大陆，那里有很多步禽类物种仍然具备对付哺乳动物捕食者的能力。我们可以将鹤鸵、美洲鸵和鸸鹋引入新西兰，以弥补巨型恐鸟的灭绝[4]。我们也可以促进已经具备野外生存能力的火鸡、鸡、鹌鹑、雉鸡以及其他猎禽类物种数量的增长。它们是步行觅食的野生鸟类，但却是在满是食肉哺乳动物的大陆上进化而来的，所以它们仍然保留了在受到攻击时飞翔的能力。鸨、栖鸟和具有飞行能力的鹅同样是比较理想的选择。在某些理想情况下，也可以引入自身就受到威胁的物种，比如巴西濒临灭绝的剃刀嘴凤冠雉，这样在保护引进物种的同时，还可以恢复新西兰生态系统中的步禽类物种。

另一种策略是引入疾病、捕食者或竞争者，以降低外来哺乳动物的密度，使其无法构成对本土物种的威胁。例如，完全素食的啮齿动物有可能将更为强大的杂食性大鼠和小鼠从大多数田园和森林栖息地赶走。但新西兰人会对此感到紧张是完全可以理解的，因为他们最厌恶的某些捕食者最初就是因为失败的生物控制事件而得以入侵的。又或者我们可以尝试改善本地物种，使它们能够与外来哺乳动物共存，例如，采用新型基因技术对本地物种进行改造，使它们能够繁殖得更快、选择更安全的地方筑巢、更有攻击性地保护巢穴、跑得更快或者是针对新疾病拥有更强的抵抗力。举例来说，与其对澳大利亚的斑长脚鹬和新西兰的黑长脚鹬自然杂交形成的物种延续执行现有的灭绝政策，不如借由杂交物种培育一个新的品种，使其具有黑长脚鹬的外形，同时又具有澳大利亚表亲的能力，避免被哺乳动物捕食者杀死。换句话说，就是把弱者变成强者。

这些独特的建议不管有什么优势（必须经过谨慎的对比试验后才能开展），都要遵循一个普遍的逻辑。与其总是试图保护弱者，我们不如尝试着构建一个可以兼容各类物种的新生物群落，使未来的生态系统较之当前更加健全。最后我们会发现，不论做出多少努力，所有违背生物世界自然规律的计划无一例外都是失败的。支持弱者的想法虽然值得尊敬，但支持强者的做法可能会更有效[5]。

在过去的100万年里，最引人入胜的成功故事是一群行动迅速、群居狩猎、智慧超群、会使用工具的类人猿的进化，由于此前从来没有与人类相似的物种存在，所以，人类改变了世界。除了直接被人类杀死或者因栖息地遭到破坏而灭绝的物种外，其余的弱者主要来自生物世界里某些意义上“不完整”的地方，在人类探索世界之前，大多数地方发现的某些类型动植物都是“不存在”的，直到人类引入它们，填补了物种缺失的空白。这些生物的变换揭露了“什么物种效果最好”。就脊椎动物类而言，显然中小型陆栖哺乳动物是最具影响力的。一旦它们的足迹蔓延到从前未曾探索过的地方，就会引发难以或根本不能逆转的生物革命。

啮齿动物尽管声名狼藉，但它们的确聪慧、足智多谋；某些啮齿动物甚至外形很可爱，有着大大的眼睛和耳朵、抽动的鼻子和优雅的胡须。啮齿动物是此前成功进化的代表——现存2 250种，约占所有哺乳动物的一半。它们的生存和繁衍能力丝毫没有弱化的迹象[6]。人类已经有能力控制大多数体重超过1吨的陆地哺乳动物，但对那些体重低于 1 千克的陆地哺乳动物却显得有些无能为力。这对于啮齿动物来说是件好事，对哺乳动物来说也是件好事：70% 的哺乳动物都是啮齿动物、蝙蝠或是鼩鼱的亲缘物种，这其中绝大部分动物的体重都不会超过 1 千克。随着人类的足迹遍及世界各地，重达 100 千克的海狸和水豚是少数几类受到影响而灭绝的啮齿动物，但几乎所有体型较小的啮齿动物都存活了下来。人类永远不可能消灭所有的啮齿动物。

同样，麻雀及其亲缘物种在物种变迁的过程中也表现得格外优秀，人类也永远无法消灭现存的 5 400 种雀形目鸟类。虽然各个物种的命运不尽相同，但总体来看雀形目鸟类的生存状况并未受到威胁。它们就是成功进化故事的代表，这与人类的影响毫无关联。同样，蜥蜴、蛙类、鱼类、甲虫、蝴蝶、树木、稻科植物和地衣也是如此。动物、植物、真菌、细菌、古生菌和病毒的普通进化演变在数百万年里一直保持着成功的态势，它们是各大洲最常见的生命形式，并且完美契合着人类的到来，正如先前几次生物大灭绝中的幸存者也都是普通生物一样。在灾难降临之前，这些物种完全不引人注目。在世界天翻地覆之前，它们只专注于自己那点事——捕食、繁殖、战胜疾病、努力避免被敌人吃掉。世界的继承者们其实就在我们周围。然而，当我们把这些真正成功的物种迁移到它们未曾到过的地方，受害者就会出现了。

了解到大多数小型哺乳动物和鸟类似乎在人类社会中生活得相对安全稳定，或许我们就更容易去鉴别失败者的特征；在默认情况下，获胜者才会留存下来。尽管它们取得了全面的胜利，但也有一些小型哺乳动物已经消失。大耳朵的澳洲小跳鼠也曾活跃在西部澳大利亚的沙丘上。1842 年，人类最后一次在珀斯的摩尔河附近发现它们的身影。澳洲小跳鼠的灭亡可能完全属于运气不好。无论生物学特性如何，如果某个物种的生存范围只局限于地球上很小一片区域，而人类的活动又以其无法适应的方式干涉了这片区域，那么它们都有灭绝的可能。这就是我们要保护世界上不同种类的生态栖息地的重要原因之一，而那些大量物种聚集生存并且毫无他处可去的栖息地则尤其需要受到保护。

进化替代：换了一种活法的新西兰蝙蝠

然而，有些动物的灭绝并不仅仅是因为运气不好。相比于生活在大陆上个别区域的动物来说，生活在岛屿上的小型哺乳动物处境一直十分困难。举例来说，在 20 世纪早期，生活在圣诞岛的牛犬鼠宣告了种群的灭绝（人类最后一次见到它们是在 1903 年），也许是无法应对身手更加敏捷的波利尼西亚鼠的入侵，抑或是无法抵御后者所带来的疾病。所以我们必须面对这样一个事实：有些物种的灭绝是因为入侵物种要比原住民更加“擅长”扮演特定的生态角色，或者是入侵物种在杀戮和避免被杀戮方面有着更强的优势。这就是进化替代的规律。通过将物种从一个大陆迁移到另一个大陆，或是从大陆迁移到岛屿，人类活动加速了最终赢家角逐的进程。

新西兰蝙蝠抵达了这片拥有长空白云的土地后，便没有陆栖哺乳动物与它们竞争或攻击它们，这改变了新西兰蝙蝠的生活方式。它们开始在森林的地面上狩猎昆虫和其他无脊椎动物。它们进化出一种拖着脚游泳般的行走动作来爬过落叶层；发明了一种将翅膀巧妙折叠的方法来防止其成为地面行走的障碍；它们进化出额外的爪子用于行走和捕捉地面上的猎物以及学会独特的肌肉和肌腱运作来帮助其起飞（样子很像已经灭绝的翼指龙）[7]。虽然这些都是非常有趣的适应性改变，但根本问题在于，大约在 5 000 万～ 6 000 万年前，蝙蝠在进化过程中成了天空的主宰[8]，它们早就让出了自己的行走能力，并牺牲了手指来换取更大面积的皮肤覆盖。这种进化转换的结果就是，强壮短尾蝠可以利用前臂腕关节的力量行走，但这在实际的行走活动中并不如手和脚好用。而老鼠是拥有四肢的。

此外，怀孕时身体沉重的哺乳动物并不适合空中飞行，所以蝙蝠每次繁殖只能孕育一个后代。对于强壮短尾蝠来说，这意味着每年只能诞下一只幼崽，而与其形成鲜明对比的褐鼠大约在出生后 5 周就发育性成熟，孕育 3 周后就可以产下 7 只幼崽，有时甚至更多。因此，在食物充足的前提下，老鼠的数量在 2 个月内至少会翻两倍，而蝙蝠则需要 3 年或更长时间才能达到同样数量的增长。因此，鼠类更能从临时性食物过剩中获利，并从遭到捕杀而大幅削减的数量中再次复兴。大鼠、白鼬和猫是大短尾蝠最致命的天敌组合，而大短尾蝠的最后一次出现是在 1967 年。愿它安息。而人类拯救短尾蝠的保护工作正在紧锣密鼓地进行中，短尾蝠（属短尾蝠科，其中大短尾蝠已灭绝，现仅存短尾蝠）是所有蝙蝠中最常在地面活动的种类，可以灵活地用四肢在地面行走，但通常较少在地面狩猎，因此不太容易受到地面捕食者的攻击。但是因此而错失一件进化中的特例也是一件憾事。

这尽管让人难过，但并不令人意外。而且世界上哺乳动物的进化是不会因陆栖蝙蝠的缺失而受到威胁。陆栖蝙蝠这种反常现象不太可能流行起来，即使吸血蝙蝠也可以行走，在它们想要吸血的动物四周跳跃。相比之下，蝙蝠在空中的表现无疑要胜过鼠类，而且蝙蝠具备声波定位能力，可以接收到从飞蛾或其他夜间活动昆虫身上反弹回的超声波。这种能力令蝙蝠比大多数鸟类更擅长在黑暗中狩猎。作为夜间空中捕食者，蝙蝠的全球霸主地位从未受到过威胁。

蝙蝠至少还具备一定的飞行能力，而生活在岛屿上的许多鸟类正面临着更严峻的进化挑战。所有鸟类的祖先都早在 7 000 万年前牺牲掉前肢、进化出翅膀[9]。翅膀具有更大的优势。它们使鸟类能够猎取无法在地面上获得的食物，并找到新的觅食点，还可以通过飞行到高空逃离栖息在陆地上以及可以爬到树上的天敌的追捕。翅膀固然是非常有意义的进化。然而，鸟类需要消耗大量的能量来生长、维持和使用它们用于飞行的飞行肌肉，所以当它们不需要躲避天敌时，飞行也可能会变成它们的不利条件。

如果你居住在偏远的小岛上，而你唯一的天敌只是走远就能避开的螃蟹，那么在地面觅食的鸟类（区别于在树上觅食或在飞行中捕捉昆虫的鸟类）如果把精力投入到飞行狩猎中，能留下的后代显然会比那些蹒跚行走的同类更少。长此以往，会飞的鸟类在孤立的海岛上开辟新领土，然后便在没有天敌的世界里逐渐地丧失了飞行能力[10]。它们进化成健壮的野兽，用可以行走的粗壮大腿取代了用于飞行的肌肉。这就是南秧鸡的进化历史。

南秧鸡的祖先是紫水鸡属（*Porphyrio*）中会飞的一种，它们大约在 250 万年前定居到新西兰，后来逐步进化成我们今天所看到的那种笨重的、不会飞的鸟类[11]。岛上生存的鸟类也逐渐失去了它们的畏惧心理，海豹和海狮从来不会去捕捉它们，疾病也不会降临在它们身上。所以为什么还要浪费能量代谢来对抗鸟类疟疾或者其他根本不存在的病原体呢[12]？将新陈代谢的能量消耗转到完善其他身体功能的鸟类都会处于有利地位。到最后，在世界的各个群岛上就遍布着体型超大、性情温顺、容易生病、繁殖缓慢、失去飞行能力的鸟类。

大约在 700 年之前，人类第一次出现在新西兰时，就面对着这种情况，此外还有人类带来的大陆食肉动物。大鼠和猪可能会吃光这些鸟类的食物，掠夺它们的巢穴，而人类和人类的朋友犬类更可以轻而易举地干掉这些成年的鸟。对于这些体型较大、已被驯服且只会行走的鸟类来说，惨遭灭绝的可能性要远远大于重新掌控这片领土。它们丧失了飞行能力的肢体，根本无法匹敌拥有敏捷四肢的哺乳动物。尽管南秧鸡的祖先的确拥有对抗哺乳动物的能力，但南秧鸡却不能保护自己。老鼠、狗、猪、白鼬和人类赢得了这场战争。

近年来，能够飞行的岛屿鸟类数量也在不断下降，这主要发生在欧洲水手和移民者的到来之后，他们带来了猫、小鼠、新的大鼠种类和其他各种动物来对抗本土物种。例如新西兰的本土物种卡卡鹦鹉，它们在树洞中的巢穴连通地面，使其容易受到欧亚鼬鼠、澳大利亚负鼠等擅攀爬的啮齿动物的攻击。而背部红褐色的新西兰鞍背鸦喜欢夜间栖息在树干附近的枝丫上，这是一种可以有效抵御夜间攀爬食肉动物捕食的睿智选择，如果没有任何天敌来捕捉它们，为什么它们会栖息在并不舒适的小枝丫上？还有，人类无意间释放的各种病原体和蚊子在许多岛屿上引发了流行病。

外来的大陆鸟类充当了病毒的载体，阻止了本土鸟类在第一次疾病暴发后的复苏。夏威夷蜜旋木雀具有很强的飞行能力，除了难以抵御哺乳动物天敌的捕食外，这种鸟类 2/3 的死亡都要归咎于鸟类疟疾。它们并不能单单依靠飞行能力而获得足够的保护。当我们回顾曾经存在的所有体型沉重、捕食单一、易受病患的鸟类时，就会发现它们的灭绝并不局限于单一原因。归根究底，是岛屿鸟类的综合特征导致了它们的灭绝[13]。

1 000 多种岛屿鸟类的灭绝的确是一件令人遗憾的事，但这可能并不会对鸟类的长期进化趋势产生多大影响。几乎所有的岛屿鸟类从根本上都起源于能够飞行、具有捕食能力并且可以抵御疾病的大陆鸟类[14]。

一旦占领了某片区域，它们就适应了没有哺乳动物捕食者和疾病威胁的环境，这令其再也无法回到大陆，或者是在有其他天敌入侵的环境下生存。最终，那些仅能在特定岛屿环境中生存的鸟类就会消失，或者是因为长时间的海浪冲刷造成岛屿面积不断缩减，或者是因为新大陆物种占领岛屿并将其取代[15]。人类将世界上各类物种混杂在一起，只是加速了它们的灭亡，却无法改变它们最终的命运。

另一方面，那些起源于世界各片大陆的物种则发展得势如破竹。例如，在太平洋和印度洋的许多岛屿上，人们仍然可以在灌木间瞥见绣眼鸟的踪迹。在移居海岛“仅仅”100 万年左右的时间里，大多数在岛屿上生存的绣眼鸟在与猫科动物天敌的斗争中仍然可以以智取胜，并能够应付传播自大陆的疾病。

新西兰的紫水鸡也存活得很好。就像最原始的南秧鸡一样，它也是一种紫水鸡属鸟类，但紫水鸡在大约 500 ~ 1 000 年前才从澳大利亚“移民”到新西兰，所以它仍然有能力应付那些外来入侵者。紫水鸡可以飞行，一次可产下 4 ~ 6 枚卵（而南秧鸡只能产卵 2 枚），并且可以在哺乳动物天敌的掠杀下持续繁衍。南秧鸡代表着新西兰的过去，而紫水鸡则展望着新西兰的未来。饶舌的八哥、红耳鹎和许多源起于世界各大洲的其他鸟类，现在都成了海岛的主宰者，欢迎着从四面八方来到海洋岛屿的游客。由于这些外来物种的引进，在过去的一两个世纪里，世界上大多数偏远岛屿上的鸟类多样性都在增多。即便旧人类时代存世的少数物种已经灭绝，但从整体上来看，鸟类发展和繁衍的势头正旺。

岛屿鸟类生存形态的持续失败，为人类研究动物的成功之道提供了更多的视角。这并不是什么伟大的科学发现。所有的成功物种都需要具有抵御疾病的能力、具有躲避掠食者的技巧，并且拥有足够迅速的重新繁殖能力以取代个体消亡带来的损失，而这些能力几乎适用于所有大陆物种。

当我们思考陆栖脊椎动物的机体构造时，并不会感到特别地惊讶：四足哺乳动物能够有效地生活在地面或者爬到树上，鸟类白天在空中飞翔而蝙蝠习惯在夜间捕食。当然，这只是概述（例如猫头鹰在夜间捕食，而鸵鸟只能在陆地行走），但这也是对过去 5 000 万年来最成功的物种的机体构造的真实反应。直到现在也仍然适用。由于缺少四足陆地哺乳动物和传播疾病的昆虫，海洋岛屿上的规则曾经有别于大陆。但现在二者已经趋同。大陆生物已经扩张到岛屿领地内，其结果就是，已经在进化中大获成功的动植物仅仅是增多些数量罢了。

2.5 米的巨型袋鼠、2 吨的袋熊也难逃灭绝

既然我们已经对岛屿上的生物多样性现状进行了调查，那么下一个挑战便是去了解物种在大陆间迁移时的情况。热带森林无疑是进行这项调查的最佳选择，因为它是地球旺盛生命力的终极表现。我对热带森林地区的第一次探访是在 1979 年，而且比原定计划晚了一天，因为我飞往巴拿马共和国巴拿马城的航班在途中意外飞到了佛罗里达州的巴拿马城。我马不停蹄地赶到巴罗科罗拉多岛，很快就汗流浃背地踏上了离开小码头的无尽阶梯。但我并没有意识到，一只叽叽喳喳的白面卷尾猴出现在我面前。然后，我看到了一只褐喉三趾树懒，它就像挂在树上慢慢挪动的麻布袋子。

巴罗科罗拉多岛曾经是一座山峰，但加通湖的水面高度不断攀升，直到 1913 年彻底将其环绕，此地便成了一座岛屿。而加通湖则属于巴拿马运河的一部分，也是连接大西洋和太平洋的关键枢纽。

巴罗科罗拉多岛位于巴拿马地峡中央，几百万年前，南美洲这片庞大如大陆般的岛屿“撞上”了北美大陆，从此巴拿马地峡便成了生物交汇的十字路口。美洲大陆的连接使得熊、猫、嵌齿象、矛牙野猪、貘和美洲驼的祖先第一次向南扩张到南美洲，而猴子和树懒则朝着相反的方向穿越树林，踏上北美洲的土地。犰狳、负鼠和豪猪也同时朝着梦想中的中美洲和北美洲向北迁徙——同时迁徙地还有地懒以及后来被人类灭绝的雕齿兽。在巴罗科罗拉多岛台阶上停下来喘息时，我所伫立的这片土地就在几百万年前还有貘、矛牙野猪、卷尾猴和树懒活动的踪迹。

这些事件的确切发生顺序仍然存在着一些争议，这主要是因为我们无法列举史实证明巴拿马地峡究竟是在哪一天奇迹般地浮出水面。当太平洋上的科科斯板块消减于加勒比板块之下时，南北美洲之间形成了一系列群岛，直到大约 300 万年前才演变成连续的陆地带[16]。但由于缺少确切的板块碰撞年代，所以对化石记录的解读也是相当棘手。

在过去的 260 万年里，海平面在连续的冰川期里持续下降，以至西伯利亚和阿拉斯加周期性地合并成白令地区平原时，从亚洲迁徙到北美洲的动物数量不断增多，这使得情况变得更加复杂。在这个时代，南北美洲生物世界之间的联系日益密切，正如我们现在所见证的各个大陆之间以及大陆与岛屿之间的联系因人类活动而不断增多一样。

无论每次生物融合的确切时间如何，迁入北美洲的南方哺乳动物都远远少于迁入南美洲的北方哺乳动物，后者的代表是包括如今的美洲豹和已经灭绝的剑齿虎在内的现代猫科动物，而被取代的则是曾经生活在南美洲大陆的有袋类猫科动物。或许，可自我磨锐（能够蜕下旧表皮形成鞘层）、行动迅速且伸缩自如的爪子让猫比同类的有袋动物更具有优势；或许，因为猫科动物能够一次性繁衍更多的后代，或因它们对疾病有足够强的抵抗能力。不管原因为何，当美洲大陆合并时，起源于北美洲的大型陆地动物繁衍生息（其中一些物种的祖先曾起源于亚欧非大陆的连接地区），而那些起源于群岛性南美洲大陆的动物则情况不容乐观。

巨大的陆地树懒和其他部分南美洲动物在北美洲取得了巨大的成功，但尽管如此，那些起源于最北端大陆的物种更容易脱颖而出：在人类首次抵达美洲大陆时，南美洲有半数的哺乳动物属类起源于北美洲，而在北美洲则仅有 20% 的物种起源于南部[17]。换句话说，北美洲哺乳动物的成功案例大约是殖民地物种的 2.5 倍。在此前生存竞争最激烈的地区进化出的动物赢得了进化竞争的胜利——在有大量开放栖息地的更大陆地上，这些物种曾在那里繁衍生息。与北美洲相比，南美洲的状况更接近于岛屿。

大约 1.5 万年前，当人类首次踏上美洲大陆时，起源于南美洲的大型动物同样也是最容易受到疾病侵袭的。如果回顾现今为数不多的原始动物群残余，我们会毫无意外地发现，南美洲体型最大的幸存者貘和骆驼是在捕食者众多地的北美洲进化而来，而幸存者中体型最大的哺乳动物捕食者美洲豹的祖先则被认为是起源于旧大陆（即欧洲、亚洲和非洲）。

这些“精通进化”的物种的先祖出现在亚洲和北美洲，而它们只不过能更有效地应对全副武装在地面狩猎的人类的复杂捕食挑战。而准备最为充分的物种存活了下来。

与之形成鲜明对比的是，南美洲的植被以及生活在树上的动物并没有被北方的入侵者所征服。热带雨林物种的流动趋向于相反的方向。欢迎我来到巴罗科罗拉多岛的树懒和卷尾猴由南美洲进化出来，并在板块碰撞时期向北扩散到墨西哥（墨西哥在地质学上，并曾在生物学上属于北美洲的一部分）。这与前述观点是一致的。

美洲的大部分热带森林都位于南部，直到今天，亚马孙仍然是世界上面积最大的热带森林地区。对于这些物种而言，南美洲的生存空间可能比北美洲更大，并且它们是生活在北美大陆更温暖、湿润地区的最成功的物种。这种趋势的结果就是，尽管北美洲的陆栖哺乳动物取得了成功，但从南美洲迁徙到北美洲的总体比率要比相反方向高出大约 30%[18]。

类似的模式也适用于在大陆间迁徙以及从大陆迁徙到岛屿的物种。平均而言，那些起源于某一特定类型的广阔地域的物种在与来自更小区域的物种发生接触时，似乎更有能力“赢得”生态和进化竞赛。这使得澳大利亚的状况格外有趣。澳大利亚陆块（包括新几内亚，即冰川期海平面较低时的一处陆块）与其他大陆根本没有任何联系。它可被看作是介于岛屿和大陆之间的存在，因为国际上规定：陆地面积大于或等于澳大利亚陆块面积的陆块叫大陆；小于或等于格陵兰岛面积的叫岛。但是，澳大利亚的生物学意义是独一无二的。

在人类抵达前，澳大利亚大多数陆栖和树栖哺乳动物都是有袋类动物，当然，我们也不能忘记奇特的产蛋哺乳动物——鸭嘴兽和针鼹鼠。无论是大型食草动物、顶级食肉动物、中型杂食动物，乃至于体型最小的哺乳动物,全都是有袋类动物。但与新西兰不同的是，大鼠约在 100 万年前来到这里，而类似小鼠的啮齿动物存在于之前；当然，这里也有蝙蝠。那些小型胎盘类哺乳动物已先行涉足这里。

大约 5 万年前，当人类踏上澳大利亚殖民地时，我们开始猎杀 2.5 米高的巨型袋鼠、2 吨重的袋熊以及其他巨型有袋类动物，直到它们全部灭绝——就像我们在其他地区消灭巨型胎盘哺乳动物一样。

袋狮几乎也在同一时期消失。然而，彼时我们并没有引入新的哺乳动物物种。直到大约 4 万年后，澳洲野狗才出现在澳大利亚，而欧洲人抵达这里后才释放了食肉的狐狸、猫和白鼬，同时也带来了单峰驼、水牛、马、羊、牛、兔子和其他胎盘哺乳动物。在欧洲人统治澳大利亚时期，背上布满条纹、形似犬类的袋狼销声匿迹；这种矮壮、凶猛的动物虽然在澳大利亚范围内灭绝，但仍存活在塔斯马尼亚岛。然而，这不一定是因为它们属于有袋类动物：澳大利亚本土的 64 种胎盘啮齿类动物中也有 10 种灭绝了，而许多澳大利亚有袋动物仍然存活下来；负鼠依旧生活在以有胎盘哺乳动物为主的南美和北美地区。

无论具体原因为何，来自面积最大的欧亚大陆的哺乳动物已经成功地取代了许多澳大利亚同类动物。另外，澳大利亚的陆栖鸟类却很好地应对了外来者的入侵。1.5 米高的鹤鸵和鸸鹋在与欧亚大陆哺乳动物的竞争中存活下来[19]。长期以来，澳大利亚遍布着行动迅速、可分泌毒素的危险动物，这使得鸸鹋和鹤鸵不仅习得了有效躲避捕食者的能力，还进化出攻击能力，它们甚至可以在攻击者不够警觉时取出它们的内脏。事实证明，它们的防御手段足以应对人类狩猎者和其他外来食肉动物，这与外形十分相似的新西兰恐鸟形成了鲜明的对比，后者几乎在人类殖民者首次涉足这片岛屿时就灭绝了[20]。

其余的澳大利亚鸟类仍然依靠飞行生存。如果你去昆士兰州北部的约克角半岛露营，一定要留心那些四处寻找残羹冷炙的丛冢雉。丛冢雉拥有像秃鹰一样的红色脖子、红色皮肤、鲜黄色的颈圈和黑色的身体，而尾巴的形状奇怪得像是被熨烫成了垂直的一样。你稍稍靠近些，它们就会飞快地跑到矮树丛里去。但是，如果被逼无奈，它们会以某种笨拙的方式猛地腾空，飞到潜在捕食者无法企及的树枝上停留。丛冢雉和其他许多澳大利亚鸟类一样，主要在陆地上寻找食物，可一旦有需要时，它们仍然能够通过飞行逃脱陆地捕食者的追击。

关于澳大利亚的哺乳动物是否能够入侵世界上其他面积更大的大陆的疑问，目前还没有经过广泛的测试。尽管新西兰政府曾经试图消灭刷尾负鼠，但它们仍在生长繁殖，而且好像没有什么特别的理由能够证明它们在其他地区无法获得成功。人们发现，仍有少量的几种沙袋鼠生活在新西兰、夏威夷群岛的瓦胡岛、不列颠群岛以及世界上的其他地方。在法国巴黎西南部甚至还生存着一群野生沙袋鼠。

然而，澳大利亚的哺乳动物却很少被引入到其他大陆，或许它们真的能在那里繁殖成长。体型更大、行动更为迅速的袋鼠可能最为引人注意，因为世界上其他地方并没有与袋鼠类似的大型哺乳动物。袋鼠与有袋类猫科动物共同生活了数百万年，它们的出现时间要比人类早上 5 万年，而后又设法在澳洲野狗的追捕下存活长达数千年。如果有机会，袋鼠很有可能战胜其他大陆上所有体型较大的陆地捕食者。它们有着独特的运动方式，再加上在少雨地区惊人的生存和繁殖能力，人们目前正尝试将其投放在南、北美地区的草场和稀树草原、地中海地区以及印度次大陆。我打赌袋鼠能赢得胜利。

尽管起源于面积更大、更多样化、联系更为紧密区域的物种往往会在进化斗争中获胜，但也有许多成功存活的物种来自于“面积较小的陆地”；可在大多数情况下，这些物种都来自于类岛屿地区中的大型多样性栖息地[21]。来自南美洲广袤的热带雨林的物种成功迁徙到了更靠北的地区，我们或许可以由此推测出澳大利亚的旱地植物和动物（包括袋鼠在内）在其他地区也同样可以生存。例如，澳大利亚的金合欢树如今已经在非洲南部的部分地区得以延续。新西兰以其广阔、凉爽的雨林而闻名于世，这使得大约有 200 种蚯蚓在此安家落户，而这里正是它们唯一的生存家园。

因此，在英国殖民时期，当以新西兰蚯蚓为食的扁虫捕食者被引入这片凉爽、潮湿的岛屿后，我们不难想象它正愉快地对蚯蚓们进行大肆捕杀。对于蚯蚓的天敌们来说，新西兰可能就像一片迷你的大陆。

我们应当记得，当生物世界发生碰撞时，大多数物种并没有被迫灭绝。每个区域的大多数物种都保持着生机勃勃的状态，这可能是因为它们此前的竞争、掠夺和疾病经验及其对本土环境的适应，使它们能够抵御大多数外来物种。新西兰仍然拥有几乎所有的原始植物、大部分无脊椎动物和大约一半的鸟类。澳大利亚仍然主要由长期存活于此的本地物种组成，并且繁衍大获成功的雀形目鸟类似乎也起源于此，而后才在世界各地繁衍生息。同样，对南美洲的现存物种而言，其祖先在南美洲进化了数百万年后才开始向北美洲进军。如果我们仅累计物种数量的话，大洋洲和南美洲啮齿动物随后发生的进化多样化也能弥补原始物种灭绝所造成的亏损。

物种更迭一直是大规模、长时期进化变革的核心，其中大部分变革发生在很久以前，以至于我们如今只能按照世界当前的形态来简单地推断其后果。当站在潮湿、繁茂的热带巴罗科罗拉多岛上时，我所伫立的土地曾经见证过这样的进化事件。我所在的位置正是连通南、北美洲大陆的十字路口，一场伟大的变革曾在这里发生。这里也是人类踏入南美洲的必经之路，我们再次改变了南美洲的生物。在近代，巴拿马运河数百万年来首次增多了大西洋和太平洋之间的海洋生物流量。无论你放眼世界的任何一个角落，人类都在加速着物种从一处寄居地到另一处寄居地的转移。

让我们将这些案例综合起来，看看到底是谁赢得了进化斗争的胜利。基于南、北美洲结合以及欧亚大陆动物迁徙至澳大利亚和新西兰的经验判断，针对每种特定的环境类型，世界上生物多样性最丰富地区的物种能够持续繁衍生息的可能性最大。但是我们同时也会发现，无论是根据现实状况或是以往的地质学经验，这些生物交换的综合结果使得每个区域内的生物多样性都得以增加[22]。

像如今一样处于变化时期时，我们显然会重点关注于竞争失败的物种。如果在数百万年之后回顾今天，我们就会发现人类的活动导致了物种灭绝的增加。以人类纪为代表的时代将见证那些生活在偏远地区且尚未被外来物种替代的远古生物群体的最终灭绝。但我们也将见证那些成功的动植物在遥远的后人类纪时代逐渐组成生命的根基。

1 000 万年后的地质学家将会注意到，世界地理在人类纪时期发生了怎样的显著变化。从前被限制在单个大陆上的个别物种在移动中遍布全球，那时它们会在自己的新家园中实现多样化。未来的地质学家将会对部分物种更迭以及最终灭绝的物种做出评论。除非人类有意保护和干涉，否则人类纪将是喙头蜥的末日。喙头蜥是一种原始爬行动物，大约出现在 2.2 亿年前，但目前已被证明无法与现代脊椎动物共生。

然而，地质学家还会发现，除了人类刻意捕杀至灭绝的几种体型极其庞大的动物之外，在人类纪之前分布广泛的所有主要动植物种类几乎都会存活下来。繁衍最成功的物种就是普通的常见物种：陆栖哺乳动物、可以飞行的鸟类、昼伏夜出的蝙蝠。世界的继承者并不是稀奇、怪异的物种，也并非古老的进化遗迹，这些都是即将灭绝的物种。成功者的故事就发生在我们身边。望向窗外，你所凝视的正是未来。

紫水鸡在 500 ~ 1 000 年前才在新西兰安家落户。尽管这里生活着食肉哺乳动物，但紫水鸡凭借其出色的飞行能力使得整个种群持续扩大。

南秧鸡是紫水鸡的亲缘物种，早在 250 万年前就已抵达新西兰，逐渐进化成不会飞的大型鸟类，导致其无法在陆地哺乳动物的捕杀下生存。

这只雄性美洲豹专门捕杀在巴西潘塔纳尔河边沙洲上栖息的凯门鳄和水豚。美洲豹是南美洲现存体型最大的猫科动物。

第7章
如何在栖息地条件变化时生存得更好

堇蛱蝶：为适应新环境主动改变了饮食习惯

将军公路在加利福尼亚州的内华达山脉中蜿蜒穿过，林地间点缀着沼泽草甸和岩石山包。黑熊穿过草地间柔美的粉色流星花，松树像哨兵一样挺立在高高的山脉上。这条高速公路引领游客们穿过巨杉组成的格兰特森林和谢尔曼森林，大家纷纷停下脚步，抬头凝视着全世界体型最大、树干发红且满是裂缝的植物。游客们欣赏着壮丽的风景，感受着原始而永恒的世界。但这并不是原始的景观。在20世纪60年代，伐木工人们穿过森林，留下大片花岗岩风化后的粉状土壤，树木无法再生。1984年，我坐在尘土飞扬的山坡上，思考着为何这里到处飞舞着加州蝴蝶，而同样的物种在森林受破坏较少的地方却极其稀少。正常情况下，我们都认为物种不可能在被人类严重“损毁”的地区出现。

我坐在那里时，看到艾地堇蛱蝶（*Euphydryas editha*）挥舞着翅膀，其上镶嵌着锈黄色、黑色和乳白色的斑点。每隔一段时间，雌性堇蛱蝶便不熟练地落在娇嫩的春脐果草（*Omphalodes verna*）上产卵；而卵孵化后，毛毛虫就会吃掉叶片。尽管艾地堇蛱蝶热衷于在此处产卵，但在其他地方，艾地堇蛱蝶会选择将卵产在马先蒿上，这是一种外形略显平庸的植物，开着脏兮兮的黄色花朵，生长在森林里相对未受打扰的斑驳树荫中。生活在人类改变栖息地的蝴蝶选择了春脐果草，这种行为似乎与周围环境里的其他蝴蝶有所不同。

为了弄清事实真相，我和我的博士生导师迈克·辛格（Mike Singer）决定去问问蝴蝶它们自己。迈克手里拿着捕蝶网四处游荡，时不时给我带来他在尘土坡或者是原始栖息地上捉来的雌性艾地堇蛱蝶。与此同时，我腰酸背痛地盘腿而坐，打开笔记本，面前的地上放着一个金字塔形状的笼子，笼子两边各有一个装蝴蝶的球笼。这个球笼被称为辛格球，之所以如此命名既是因为导师自身的身体缺陷，也是因为其设计出自迈克·辛格之手。我把雌性蝴蝶从一个辛格球中取出，然后放在金字塔笼里的春脐果草上。如果雌性蝴蝶喜欢通过它前脚的化学感受器尝到的东西，那么它会将身体蜷曲成半圆形准备产卵。在它有机会产下第一粒卵之前，我会迅速将其移走，这样它在另一种植物上仍然会准备产卵。对捕捉到的所有雌性蝴蝶进行过测试后，我把笼子收了起来，活动下腿脚，走到了离我最近的一株马先蒿旁。在那里，我再次坐下并在马先蒿上重复了之前的全部测试步骤。之后，我走回春脐果草旁，重复测试；再回到马先蒿旁，如此反复。

因为每只蝴蝶都用记号笔做了编号，所以我可以精确地追踪每只雌性蝴蝶在几天内的行为。其中许多蝴蝶非常乐意在马先蒿叶片上蜷曲起身体，与我每次将其放在这种植物上的行为一致。但是，在此期间如果我将同一批蝴蝶放在春脐果草上，它们则只是停在那里晒太阳。这种情况通常会保持几个小时，有时甚至持续几天。显然，它们更加喜欢马先蒿。这并不令人惊讶，因为马先蒿这种植物历来供养着将军公路沿线的堇蛱蝶幼虫。然而，一些雌性蝴蝶似乎同样喜欢春脐果草，更有甚者对春脐果草的喜爱要超越马先蒿。雌性蝴蝶个体对在这两种植物的产卵偏好程度各有不同。

迈克·辛格和他的学生目睹了一件奇妙的事。蝴蝶正在我们眼前逐渐进化出对春脐果草的喜爱[1]。迈克在无人干扰的斑驳树荫里捉到的那些雌蝶大多数喜欢在马先蒿上产卵，尤其是那些在森林中天然空地周围的零星松树下生长起来的植物[2]。但是那些生活在受人类影响的尘土坡上的雌蝶，却非常乐意在春脐果草上产卵。在不到 20 年的时间里，伐木工人砍倒了树木，蝴蝶迁入并且逐渐发生进化，开始利用现在生长在新空地上的植物。直到 20 世纪 80 年代中期，堇蛱蝶的数目创下历史新高。它们已经适应了人类创造的栖息地。

山的另一边令人更加印象深刻，那里靠近卡森城，非常方便。无论是下雪时，抑或是想去赌场享用用来吸引赌客的美味低价的自助餐时，我们都能全身而退。参观卡森城还有比这更好的理由吗？当然了，我们到那里是为了研究正逐渐进化为与人类共同生活的蝴蝶。一个世纪以前，经营畜牧场是内华达州的主要活动，后来该州开始发展娱乐和旅游业务，而后者在其他各州通常被视为“罪行”。当伐木工把加州内华达山脉的森林改造成新的开放栖息地时，农场主们正在改变内华达州的草地。随着移居者的到来，大量的欧洲干草地植物开始发芽。其中有一种名为长叶车前的植物，被当地人称之为“白人的足迹”，他们曾经在这片土地上狩猎并且烧毁了这片土地。这个名字十分恰当。这些植物最初随着欧洲森林的砍伐而出现，在欧洲大陆大部分地区的草地上变得极为常见。

几个世纪后，来自西欧的白人移民到其他地方时无意间带上了车前草，很可能是在用于喂养牲畜的干草中夹带了种子。因此，“白人的足迹”继续着它的全球之旅，到达了新西兰奥克兰的火山锥，以及内华达州的草地，它们就像是植物界的麻雀。车前草在所有地方涌现，尤其是那些被灌溉生长出新鲜茂盛的青草以喂养牛群的牧场。

从堇蛱蝶的角度来看，雌蝶在这种初来乍到的植物上产卵绝对是具有优势的。车前草叶保持绿色的时间足够让毛虫在干燥的夏天生存，而根据气候变化的初步迹象来看，夏天似乎变得越来越干燥了。与之相反，它们过去常常食用的本地植物干瘪了，大部分幼虫或是饿死，或是脱水。由于这种存活差异，蝴蝶们逐渐开始喜欢在长叶车前草上产卵：雌蝶在这种植物上产卵的比例从 1984 年的不到 1/3 上升到 1987 年的 3/4 [3]。几年之后，这种转变完全形成[4]。人类引起的进化正在全面展开。

多年以后，当我在约克郡的草地上漫步时，发现自己正在思考这段经历。早在 20 世纪 80 年代，当我躺在内华达山脉的帐篷里，听着土狼的嚎叫在山坡间回荡，我便推测出如此迅速的进化事件是非同寻常的。但我开始怀疑这究竟是不是进化事件。如果快速进化的确罕见，那么辛格及其学生研究的几十个种群中有两个物种进化速度如此之快的可能性是多少？这是难以置信的好运吗？还是快速进化的爆发要比我们意识到的更为普遍[5]？

就在我仔细思考堇蛱蝶的命运时，我也想起了这些年里迈克不时给我发来的大量的最新进展。这些特殊的进化都没有取得成功。春天反常的天气和春脐果草数量的减少导致将军公路沿线的蝴蝶数量急剧减少，而剩下的蝴蝶则回归到以马先蒿为食。这不是进化上的失败，因为这个种群仍然存活了下来，但是也不能算作是取得了新的成功。卡森城的插曲也失败了——当牧场的管理发生变化后，这一种群就灭绝了。我们见证了快速的进化，但是这两个事件都没有产生长期的变化。进化从未停下脚步。这些短期的进化改变中只需有一小部分能够进展顺利，便能促成生物学成功的新故事。

当我们展望整个艾地堇蛱蝶种群时，我们可以看出它们已经改变了自身的饮食习惯，转而以其他地区的长叶车前草为食——包括俄勒冈州、华盛顿州以及邻近的加拿大不列颠哥伦比亚省。

被联邦政府列为濒危物种的泰勒堇蛱蝶（*Taylor's checkerspot*，艾地堇蛱蝶的亚种，其历史栖息地已经消失）是如此依赖于这种植物，以至于环保主义者正积极地在野外种植车前草[6]。为了保证足量的蝴蝶，华盛顿州密森河湾女子惩戒中心的犯人正在温室里培育堇蛱蝶，这样它们便可被放生到新种植的栖息地中。尽管这种做法有些奇怪，但是积极地鼓励外来植物（增加物种数量）有助于保护倍受喜爱的本地昆虫（减少物种损失）。

与此同时，在东部，与之相关的格斑堇蛱蝶（*Euphydryas phaeton*）的许多种群也以车前草为食[7]。在北美洲地理范围内的所有堇蛱蝶种群中，我们基本可以保证其中一些种群最终会在这种引进的植物上繁衍生息并开始扩张——即使许多其他种群因为无法快速适应不断变化的环境而灭绝。鉴于“白人的足迹”如今已经遍布世界各地，这些以其为食的堇蛱蝶也有巨大的潜力可以在将来繁荣生长。

科学家们不仅仅对堇蛱蝶进行了试验。在加州的 236 种本土蝴蝶物种中，有 1/3 的蝴蝶幼虫把新到的外来植物作为食物的一种[8]。考虑到这些外来植物在加州的生长时间大多不足 200 年，这种饮食偏好的变化是很令人吃惊的。美国的蝴蝶似乎正争先恐后食用外来植物。在欧洲，基本栖息地的变化有着更长的历史，几乎所有的蝴蝶都生活在人类改造过的土地上。在法国风景如画的多尔多涅河谷，我们可以找到 5 种豹纹蝶挥舞着赭色的翅膀飞过传统牧场，如果没有人类，这里本该是一片森林。不仅是这些豹纹蝶生活在人类创造的栖息地，而且和它们的北美表亲一样，有 3/5 的毛虫也食用同一种车前草[9]。要是没有人类来维护草地，这种植物就不会在此生长。也许在几千年前第一次砍伐森林时，这些欧洲堇蛱蝶就已经进化为以这些植物为食。

英国的情况也是一样。我继续散步，注意到了一只红边小灰蝶（*Aricia agestis*）。20 世纪 70 年代，这种昆虫聚集在英格兰南部，近些年才向北部扩散。雄性灰蝶栖息于掩蔽的角落，在阳光下闪闪发光，折射出一种我无法看到的紫外线。它们贪婪地拦截经过的雌蝶，如果有竞争对手闯入领地，它们就会好斗地飞出去。红边小灰蝶也改变了饮食习惯。

蝴蝶保护主义者奈杰尔·伯恩（Nigel Bourn）和我的兄弟杰瑞米合作，确定了这种昆虫的幼虫以多汁的岩蔷薇为食，而岩蔷薇主要生长在英格兰南部由白垩石和石灰石组成的朝南山坡上[10]。温暖地区的幼虫生长迅速，蝴蝶一年便可以完成两次生命周期，从卵到幼虫到蝶蛹到成蝶。然后，随着气候开始变暖，它们还有可能在平坦地区上完成生命周期。唯一的问题就是岩蔷薇数量稀少，相隔较远。它们深受困扰。后来这些红边小灰蝶所做的事情和堇蛱蝶类似。事实上它们令人更加印象深刻，因为在不到 20 年的时间里，这种蝴蝶在英国的活动范围扩大了一倍。

一些雌性红边小灰蝶不在普通的岩蔷薇上产卵，而是喜欢在小株的野生天竺葵上产卵。它们尤其喜欢柔老鹳（*Geranium molle*），而后者以“鸽爪老鹳草”（叶片及茎上有白色绒毛，叶片长得像鸟类的爪）这个冗长的俗名而为人所知。实践证明，在这种植物上产卵存在着巨大的优势，和岩蔷薇有所不同，这种特殊的老鹳草在英国的景观中很常见。从 20 世纪 80 年代开始，红边小灰蝶的活动范围从传统生长着岩蔷薇、阳光充足的地方向北扩展，逐渐遍布路旁草坪、田野边缘、郊野公园、粗草牧场甚至是建筑工地，覆盖了以前被认为过于寒冷、不适合栖息的景观地区[11]。

21 世纪初，红边小灰蝶出现在我家的草地上，这里距离其原来生活的地方超过 150 千米。我家草地上的老鹳草生长在小马驹翻滚过的地面上，这些蝴蝶不仅在野生老鹳草上产卵，而且还避开了我种的岩蔷薇。如今生活在英格兰北部大部分地区、喜欢天竺葵的红边小灰蝶与那些曾经生活在南部白土低地栖息地的红边小灰蝶产生了基因上的差异[12]。正如一些物种在人类纪时代的新条件下繁衍生息、茁壮成长，一些基因有差异的种群和个体基因变得越来越成功。几千年前，欧洲蝴蝶还没有进化到可以利用人类改变的栖息地，而后“坐享其成”。它们仍然在改变。

恐龙灭绝以来最快速的进化时期

不仅仅是蝴蝶，几乎所有的动物、植物、真菌和微生物都必须经历快速进化。几乎所有的种群和物种都会发生基因变异，而且在目前存在的新的物理和生物条件下，一些变种会比其他变种存活得更好。大气中的二氧化碳浓度已经超过了 300 万年前的浓度水平，而且很可能最终会超过 2 000 万年前的浓度水平。这就改变了植物进行光合作用的能力，还导致了海洋酸化和气候变暖。温室气体已经使全球平均气温上升了 1℃，而在作者著书的 2016 年，全球平均气温更将达到 300 万年里的最高气温，这也可能是 1 000 万年以来的最高气温[13]。

无须多说，温度会直接改变几乎所有生物的生理和生长，从而改变它们的生存和繁衍。人类还改变了大气循环中氮、硫和大气尘埃的总量。正如我们所看到的，我们已经消灭了大部分体型最大的脊椎动物并将土地用于农业发展，使得物种由于气候变化而发生迁徙，从而产生了现代版本的盘古大陆。

面对这些全新的状况，几乎所有的野生动物、植物和微生物都必须随之进化。例如，基因不同的个体和种群在不同温度下的生长速度、体型大小以及与其他物种的相互作用（包括雌蝶在选择适合其后代食用的植物时所做出的选择）方面都存在差异。人类能想到的每件事情几乎都有变化。当环境发生变化时，部分变种大概率能够生存下来，至少会比其余变种要稍好一些，这样下一代的特征就会与之前有所不同。考虑到人类改变世界的程度和速度，我们现在正经历着自 6 600 万年前恐龙灭绝以来最快速的进化时期，这一说法是完全可信的。

当然，进化并不是能够让所有种群或物种都生存下来的免责条款——不会飞的鸟类种群中没有哪只能够飞上天空，逃离大批食肉哺乳动物的入侵。失败的进化乃是常事。然而，幸存下来的种群和物种在基因上与之前有所不同。这是达尔文和华莱士的自然选择进化论的基本内容。

现在，不同之处在于人类正推动着进化。当查尔斯·达尔文第一次区分（天然发生的）自然选择进化和（在人类意图引导下发生的）人工选择进化时，他不可能想象到人类对世界的改变如此之大，以至于会影响到世界上几乎所有物种的进化。因此，我们应当深入考虑人工选择，以深入了解人类处于主导地位时的进化速度。

雷克斯只要伸出舌头，就能够舔到厨房桌子的整个桌面。有很多次，我回到家时桌上一片狼藉，地板上摊着一张嚼烂的奶酪包装纸。雷克斯是我家的爱尔兰猎狼犬，这是一种具备力量和速度的锐目猎犬，人们认为这种猎犬最早是用来捕狼以及体型更大的动物，也可能是为面对战争而培育的。雷克斯四肢着地时身高 85 厘米，后腿站立时身高 2 米，体重约 55 千克，很能吃奶酪。它通常非常友好，但是它发出的深沉咆哮和巨大的牙齿足以令来我家扫烟囱的人吓得脸色苍白。雷克斯是村里唯一一只爱尔兰猎狼犬，村子里还有几只约克夏犬。约克夏犬平均体重约 3 千克，身高 22 厘米，它们更加适合对付老鼠而不是狼。吉娃娃犬的体型更小，只有约 1 千克重，18 厘米高，非常适合生活在名流的手袋里。

毫无疑问，一方面，这些品种都是犬类，而且也都是由驯养的狼进化而来的；另一方面，我们也会好奇未来的古生物学家会如何看待它们的化石。想要确定（亲缘关系密切的）两种动物是否属于同一物种可并不容易，因为物种形成的是一种不断增加且连续的进化分离过程。我们预计会出现很难界定的中间状态。然而，就物种的定义而言，两种动物之间繁殖能力的大幅下降是一条重要标准。出于这种理由，化石猎手们将北美大陆上 4.3 米高的巨型猛犸象和加州海峡群岛上 1.7 米的“微型品种”划分为不同的物种，这相当合理。岛上的猛犸象不仅存在地理隔离，而且在形态上也无法与来自大陆的亲缘物种发生交配，后者的身高是其 2.5 倍，体重约为其 12 倍。

如果我们采用同样的理由，一只比雌性吉娃娃犬高 4.7 倍、重 50 倍的雄性猎狼犬需要有高超的瑜伽技巧，才能碰到雌性吉娃娃犬，即便如此，它也可能无法把自己身体的某部分放到所需的位置；即便成狗受孕，在雌性吉娃娃犬体内孕育拥有一半猎狼犬血统的幼崽也可能是致命的。

同样，一只雄性吉娃娃犬需要悬浮在半空中才能够到雌性猎狼犬，除非后者可以躺下。这并非完全不可能，但的确不太可能。吉娃娃犬与猎狼犬的区别就像不同品种的鹿一样，狮、虎、牛和野牛的不同品种之间也是如此。在很多方面，二者甚至差别更大，尽管狗和狼的物种分离仅发生在大约 1.5 万年前。

因此，我们认为吉娃娃犬、约克夏犬与原始的狼分属不同物种是合情合理的。然而，中等体型的狗有很多，因此吉娃娃犬的基因有可能在几代的时间里混入猎狼犬基因中，进而混入狼的基因中[14]。但是，这种情况通常不会发生，维护血统的犬类俱乐部会谨慎地确保每个品种尽可能的“纯正”。不管你是否认为部分或者所有家犬与原始的狼并非同一物种，这并不重要。重要的一点是，极其重要的进化可以在很短的时间内发生，并且足以产生新的物种。

相较于人类个体的生命与记忆，物种变化的速度仍然相当缓慢，所以我们通常不会注意到这种变化。然而一两百年前的狗画像和照片经常令人感到惊讶。牛头犬以前不像现在这样矮胖，哈巴狗的鼻子也不这么扁平，德国牧羊犬过去也没有这种蹲伏的步态。一旦矮胖、塌鼻和蹲伏被确定为某个特定品种的理想标准，那么狗主人就会为了确保未来的育种计划而选择具有这些特征的个体。因此，一代又一代繁育后，这些品种的外表越来越像原始标准的讽刺漫画，在赛狗会上已经成功取代了狩猎能力而成了新的选择标准。

在几百年的时间里，可能是 50 代狗的时间，品种在人工选择的影响下发生了根本性的变化。在整个驯化过程中，体型最大的狗保持了和狼相似的体格，而吉娃娃犬却变得如此精巧，几乎可以与所有野生犬科动物中体型最小的耳廓狐相媲美。狼、狗和狐狸等野生物种在 2 000 万年前彼此分离，它们的整体体型范围在几千代受人类影响的进化过程中得到了复制。现代犬类的变化速度和幅度都十分惊人。进化并不一定是个缓慢的过程。

狗只是其中一个例子。牛、猪和马的体型也有很大的差异，而绵羊和美洲驼的品种在毛的特性上也有所不同。达尔文特别喜欢驯化过的原鸽品种（与野鸽同属一个物种），品种之间的样貌、行为和飞行方式的差异如此之大，以至于几十种不同的野鸽物种很容易以不同的形式出现。

在植物中也可以看到类似的变化。芜菁（*Brassica rapa*）这种甘蓝已经被培育成白萝卜、大白菜、束球花甘蓝（一种像西兰花的蔬菜）、荠菜（油料作物）和日本沙拉菜（带着胡椒口味的沙拉菜）。不同变种的辣椒（*Capsicum annuum*）可以产出绿色、黄色、红色或是紫色的灯笼椒或甜椒；其他变种还包括红辣椒和墨西哥胡椒，它们所含产生热量的辣椒素的浓度有所不同（有些是药用，有些用于烹饪）；小而圆的红色“玻利维亚彩虹”辣椒和深色叶子、黑色果实的“黑珍珠”辣椒是观赏园艺品种，根本无法食用。如果不知道它们的历史和亲缘关系，植物学家会很轻易地把这些品种归为不同的物种，并假定它们是由数百万年前进化而来的。

人工选择与自然进化：并无不同

达尔文把这一切称之为人工选择，但这种进化过程与其他形式的进化没有什么不同。狗给人类仰慕者留下深刻的印象，从而获得繁殖的机会，这与大尾巴上点缀着明亮眼睛的孔雀给爱慕的雌孔雀留下深刻印象，从而获得交配并将其尾巴基因传递下去的行为并无本质上的差别。这与蝴蝶把卵产在不同的植物上，从而传递更多基因拷贝的行为也没有本质上的区别。自然选择和人工选择之间没有明确的分界线。动植物不同变种的发展仅仅是部分个体比其他个体生存和繁殖得更好的结果，因而在人类纪时代取得了巨大的成功。它们之所以成功，是因为它们具有造成基因繁殖的特性。考虑到全世界范围内人类的丰度及其对地球的影响，我们丝毫不会惊讶人类在这种传播中扮演着如此重要的角色。广泛分布的动物总是会影响许多其他物种的进化，而人类只是将这种现象提高到一个新水平。

这些关系中有许多是互惠互利的，就像蜜蜂和花朵、水果和鸟类之间的关系一样。蜜蜂通过花朵可以获得含糖的花蜜和营养丰富的花粉；而花朵则受益于蜜蜂，将部分花粉从一种植物转移到另一种植物。当然，这是有代价的。花朵必须生产花粉并失去大部分花粉，而蜜蜂则需要消耗能量来运输花粉。尽管如此，这对双方也是有利的，因为植物和蜜蜂的基因都通过这种合作的方式以更高的频率遗传给了下一代。同样，鸟类也从吃浆果中获益，而这些植物的种子则能够获得一个有利于生长的地方（通常被包裹在一袋鸟粪肥料中）。只要有足够久的时间和足够强的选择能力，生态界就可以发展出极其复杂的相互关系。

例如，槲寄生的种子最终必须落在将要寄生的树枝上，这就是槲寄生浆果进化出黏性的原因。鸟会吞下果实，消化浆果有营养的外层（对鸟儿有益），然后反刍。浆果的黏性使得鸟儿必须将种子从嘴上擦掉，在小树枝或者细枝上做这件事效果更好，槲寄生的种子便会附着在树枝上，然后从中受益。一些婆罗洲的槲寄生和啄花鸟的关系甚至更加亲密，它们选择了体外排出策略[15]。这些槲寄生的种子有着蝌蚪一样的尾巴，可以完全通过鸟类的肠道。而后种子从鸟的肠道排出并被粘住，而一旦鸟儿在合适的树枝上擦屁股，尾巴就会把种子粘在合适的位置。园丁鸟播撒下了种子。鸟类利用了植物，植物也利用了鸟类。

这和人类与农作物或者牲畜之间的关系没有什么区别。我们种植；它们生长。我们的牲畜和农作物所拥有的基因如果能令人类更有效地对其进行繁殖，这类基因的频率就会增加；而令人类更好地利用这些动植物的基因变异也会在人类种群中增加。以消化牛奶的能力为例。哺乳动物在断奶后不再需要乳糖酶，其身体也就不再产生乳糖酶。生产乳糖酶需要能量，因此对成年人来说，持续分泌乳糖酶是一种劣势。所有的人类都曾是如此。

然而，一旦人类祖先开始饲养家牛并获得牛奶，消化牛奶的益处就超过了生产乳糖酶的代谢成本。成年人保持乳糖酶基因“打开”的适应性随后扩散到全球超过 1/3 的人口中。在人类的存在下，家牛进化得可以产出更多的牛奶和牛肉，这对它们来说可谓是巨大的进化成功（全世界的家牛数目为 15 亿头）；人类也因此进化出了更强的能力，来消化所获得的乳制品。成功生产出更多牛奶的家牛基因和成功消化牛奶的人类基因同步增加。

类似的例子还有很多。饮食中淀粉（来自农作物）含量更高的人通常具有更多的唾液淀粉酶基因拷贝，从而来消化淀粉；自从人类发展农业以来，许多与碳水化合物及脂肪消化相关的基因也发生了变化。由于人类、农作物和牲畜之间互惠互利的关系，甚至人类的牙釉质和感知味道的方式也发生了变化[16]。

虽然人类和家畜及植物之间的这些直接进化关系只适用于地球上所有物种中的一小部分，但是它们已经重塑了我们的星球。世界上超过 1/3 的陆地表面被人类选择的农作物、牧场和人工林所覆盖[17]，其中许多植物与其祖先几乎毫无相似之处。所有哺乳动物的总重量加起来大约有 97% 受到这些新进化而来的关系的支配。人类最喜欢的动植物基因已经取得了成功，而能够使我们在这些合作关系中取得成功的人类基因数量也在增加。

达尔文也会感到震惊的成功基因

我们对世界所做的一切都在迫使进化加速[18]。当蝴蝶的栖息地发生变化时，当新的植物从地球的另一端来到这里时，蝴蝶发生了进化。正如我们所看到的那样，我们的农业系统是由人为改变的动植物所主导的。无论是为了食物还是为了消灭害虫和疾病，每当我们杀死野生物种个体时，相较于失败者而言，幸存者所具有的特征总是令其更容易存活下来。我们在捕鱼时，进化更加青睐于那些能够逃脱渔网并在被捕杀之前发生繁殖的个体。因此，在人类进行捕鱼的地区，绝大多数种群中的鱼体型变得更小、繁殖速度更快（抵消了捕鱼造成的死亡）[19]。这种进化反应可能不足以阻止鱼类种群的减少，但是至少令人类更难彻底灭绝鱼类。即使我们更希望捕到的鱼的个头能更大些，但进化总是个好消息。

然而，当我们有意试图灭绝某个物种时，幸存者的恢复就成了一个问题。“过去的疾病”正在演变出对抗生素的耐药性，而人类身上和头发里的虱子、臭虫、传播疾病的蚊子、沙蝇和黑蝇也越来越难以用杀虫剂杀死[20]。我们的农作物害虫通常会在 10 年的时间内进化出对新型杀虫剂的耐受性[21]，超过 200 种不同的杂草已经克服了至少 150 种除草剂的威力[22]。至于哺乳动物，褐鼠已经反复进化出对抗凝剂毒药的抵抗力，小鼠也不甘落后[23]。所有这些病原体、植物、昆虫和哺乳动物的每个耐药基因都有自己的生物学成功故事。

进化对气候变化的反应可能更为普遍。在芬兰，曾用来在雪天进行伪装的具有灰白色羽毛的猫头鹰已经被藏在黑暗多雨的森林中的棕色同类所取代[24]；德国的黑顶林莺已经放弃迁徙到地中海，而是在更加温暖的英国过冬（英国人在冬天会为鸟类提供食物）。为了便于飞行，蝴蝶已经长出了大而强健的胸节，丛蟋也长出了长且有力的翅膀，帮助它们加速飞到北极[25]。在生物入侵方面，入侵澳大利亚的甘蔗蟾蜍进化出了更长的腿，使它们能够更快地行走，加速其在整个大陆的传播[26]。

甚至污染也会造成影响。在受工业污染的欧洲，桦尺蠖进化出黑色的形态，伪装成树干，自《清洁空气法案》颁布后，它们又再次进化成地衣的颜色[27]，而一些植物物种已经适应了在受到重金属污染的土壤中生长[28]。进化就这样继续下去。为了应对天气变化、外来物种、栖息地变化、新的有毒化学物质和采伐，进化变化已经发生了无数次。在大多数情况下，这些变化发生在几十年内。“大自然”中受到人类影响所发生的进化似乎和“人工选择”造成的变化同样重要。

随着特定基因使其携带者的个体、种群和物种获得成功，一个真正意义上的全球快速演化变化已经拉开了序幕。这应该不足为奇。既然有成功的（和不成功的）物种，就一定会有成功的（和不成功的）基因。奇怪的是，尽管物种的减少和增加得到了广泛的认可，但是每个演化变化的案例都仍然令人惊讶。

自达尔文以来，我们已经接受了进化如此缓慢以至于无法察觉其存在的事实。这很适合科普作家和自然历史学家，他们可以用震惊和奇妙的感受来报告每个新案例；也很适合为了宣传而从中谋利的科学家；还适合那些把物种当作固定实体看待的生物学家和环保主义者。在缺乏全球性演化变化追踪规划的情况下，与奥杜邦协会鸟类调查以及其他记录物种丰度和分布变化的项目进行对比，每个新案例都可以被看作是一件令人惊讶的事件来进行披露。

然而，我们都非常清楚，进化并不罕见。生命就是这样。基因在世界上每个物种的每个种群中代代相传。成功的基因不可避免地增加，并继承了人类主导的世界，因此，对人类引起的环境变化所产生的进化响应必然是普遍存在的。此外，从地质学的时间尺度上来看，这些变化实际上是瞬时发生的。我们生活在一个快速演化、变化的时代，而这些变化仍在加速中。

一只雌性蝴蝶栖息在长叶车前草（*Plantago lanceolata*）上，这种引进的植物被称为“白人的足迹”。

艾地堇蛱蝶：6 号雌性蝴蝶在一棵马先蒿的基部产卵。

雌性蝴蝶产下的卵。

虫卵中孵出的毛毛虫会将它栖身的植物啃食掉。

这只成年雌性蝴蝶是濒临灭绝的泰勒堇蛱蝶亚种，它能存活下来主要是因为原有的以引进植物为食的取食习惯改变了。

第 8 章

泛大陆群岛上的进化革命

令达尔文声名鹊起的“达尔文雀”的故事

海狮在海滩上游来逛去，军舰鸟也在头顶翱翔。“迪亚曼特号”在温和的波浪中摇摆着，锚定在浅滩上，我们便上岸去参观海地岛。我的妻子、姐妹、兄弟以及各位姻亲——这个灵长类家族正在热带的阳光下休息。海滩上有一根从距离 1 000 千米远的大陆漂流而来的原木，而我正坐在上面拿着塑料瓶喝水。突然，一只尾巴长长的斑纹灰鸟出现在我身边，这让我想起了嘲鸫。它似乎正在盯着我的水瓶，然后开始在我的手中喝水，它那像飞镖一样的舌头刺痛了我的手掌。这是我见过的最温顺的野鸟，但它可一点都不傻，海地岛就像太平洋中一块点缀着仙人掌的褐色土地，淡水在这里是稀缺资源。

那天晚些时候，我们离开了海地岛，当我们在月光中启航时，“迪亚曼特号”分开了成群结队的红颈瓣蹼鹬，白臀洋海燕在我们身后翩翩起舞，寻找着被搅动的海水弄得迷失方向的浮游生物。第二天早上醒来，我们发现一群潜水鲣鸟不断在向上盘旋，扑扇着翅膀，俯冲向浅滩中倒霉的鱼群；在伊莎贝拉岛和费尔南迪纳岛之间流淌着物种丰饶而又寒冷的水流，海狮、企鹅和不会飞的鸬鹚在这里徘徊，鱼群或许曾遭到它们的围捕。海洋环绕着熔岩散布的岛屿，这里的生活条件十分严酷。登上伊莎贝拉岛，我们又遇到了嘲鸫，但它们远没有海地岛上的嘲鸫那么温顺，脸上和背上的颜色要更深，羽毛上的斑点也较少。二者在遗传学上有所区别。伊莎贝拉岛上的嘲鸫和海地岛上的鸟并不属于同一个物种。

我们沿着达尔文的足迹继续前进，在科隆群岛（加拉帕戈斯群岛）中一个个探索，看到了同一个系列的新变种。每个岛上都有明显非常相似的嘲鸫，但这些嘲鸫也都有一些不同之处。现在看来，其中有些嘲鸫是同一个物种的不同形式，有些嘲鸫则是完全独立的物种，还有一些则是祖先来自两个或更多其他岛屿的杂交物种[1]。不同岛屿上的嘲鸫所表现出的差异给达尔文留下了深刻的印象[2]，巨型陆龟之间的差异也给达尔文留下了深刻的印象：来自不同岛屿的动物可按照其甲壳的形状来进行区分。在比较干旱的岛屿上，巨型陆龟的甲壳形成了可容纳颈部的拱形，使其在干旱时能够获得食物；而在比较湿润的岛屿上，它们的甲壳通常呈龟壳状，因为这里的地面上总是覆盖着绿色植被。

达尔文开始形成新观点：动物无论何时移居到新地点，它们都会开始适应新环境。这些动物开始发生形态的变化，比如说嘲鸫，而它们的行为也会有所不同。这并不奇怪。根据科隆群岛（加拉帕戈斯群岛）的熔岩组成类型和地质年代来看，每个岛屿的土壤都有所不同；而降雨量也各不相同。西部形成年代较晚的岛屿上有着高高的火山峰，火山峰迫使潮湿的空气向上汇聚在山顶，凝结成云后发生降雨。

相比之下，在一些更古老、地势较低的岛屿上，这些山峰早已受到侵蚀，因而容易发生干旱。这不仅仅是气候的原因。近海处较小的岩石岛屿更有可能被筑巢的海鸟所覆盖，岛上到处都是富含营养的鸟粪。而每座岛屿都有一套独立的动植物系统，改变着岛上可利用的食物以及由植被提供的庇护场所。岛屿之间的这些差异足以在略有不同的发展轨道上引发进化：其中的一部分进化可以根据不同的岛屿特征进行预测，而另一部分进化则是由每座岛屿上出现的基因突变概率所掌控。

达尔文认为，起初，某个物种从遥远的大陆移居到其中一座岛屿，继而扩散到其他岛屿上[3]。这一物种的不同种群随后会发生轻微程度的隔离，在每个岛屿上经历不同的环境并进化出不同的特征[4]，最终成为两个、三个，甚至与岛屿数目一样多的独立的“子代”物种。科隆群岛（加拉帕戈斯群岛）上的嘲鸫就是这样，一些岛屿上存在着独立的物种，而其他岛屿上则存在着上述的变种（亚种）。然而，某个子物种可能会与祖先极其不同，无论是所吃的食物、所居住的栖息地或者是识别配偶的方式，以至于它现在可能与其他子物种生活在一起。这种子物种需要去开拓一座新的岛屿。

我们知道，岛屿之间的鸿沟并非是不可逾越的，否则，鸟类永远飞不到最初到达的地方，所以这种情况最终是有可能发生的。在某个阶段，某个子物种开始占领其他岛屿，因此当时的每座岛屿上都有源自同一祖先的两个物种。这种情况很可能会一次又一次地发生。与之类似，成功在所有岛屿上定居下来的子物种现在可以在每个岛屿上进化得略有不同。然后，它们就可以分化为不同的“孙代”物种，而其中最有特色的物种可能会再次扩散到群岛的各个岛屿上。

这就是发生在达尔文雀身上的故事，达尔文也因此而声名鹊起。尽管来此访问时，这位年轻的博物学家对嘲鸫更感兴趣。鸟喙大小不同的物种分别主要食用大小不同的种子，所以二者可以共同生活，但它们似乎分别起源于可食用的种子尺寸不同的岛屿（取决于岛屿的干燥程度）。雀鸟已经在科隆群岛（加拉帕戈斯群岛）上生活了200 多万年甚至 300 万年，而这种分离、聚集并进化成食用不同食物、生活在不同栖息地的过程，已经发生了很多次。在圣克鲁斯岛上迎接你的地雀会寻找散落在裸露地面的种子，尽管它们生活在灌木丛和树枝垂下的小树梢上；而鹦形树雀可以操纵荆棘和细枝来寻找其他物种无法获得的昆虫食物[5]。当然，每个物种的家世细节都很复杂，但基本模式非常明确：它们在不同的岛屿上产生差异后又聚集在一起[6]。这就是群岛中的进化方式。

科隆群岛（加拉帕戈斯群岛）并非特例。达尔文如果来到夏威夷群岛，也同样会感到惊讶。普通朱雀的亲缘物种——粗嘴抖尾地雀，在大约 600 万或 700 万年前移民至此，遇到了比科隆群岛（加拉帕戈斯群岛）湿润得多的群岛[7]。“移民”这个词令整个过程听起来颇有目的性，但更可能的是，一小群雀鸟被一场猛烈的风暴困住，经过一番挣扎，最后在遥远的海滩上精疲力竭地倒下。无论如何，它们到达地面、找到了食物和水、存活下来并开始繁殖。当它们沿着岛链扩散时，种群变得多样化起来。有些进化成赤翅沙雀，有些进化成秀丽的蜜旋木雀。这种多样性一直持续下去，直到最初普普通通的雀鸟后代拥有着各种各样的喙形和大小，适合食用花蜜、水果、昆虫甚至蜗牛。它们在栖息地、食物和行为方面变得如此不同，以至于许多物种可以在同一座岛屿上共同生活。其他夏威夷动物和植物的故事也大致相同：引人注目的银剑草和舞动的果蝇在不同的岛屿和不同的栖息地进化出独特的形态，笑脸蜘蛛、夏威夷鹅等也是如此。这处群岛是另一个物种生产者。

在群岛中，物种形成后的分离极其容易[8]。值得注意的是，在陆地哺乳动物抵达太平洋岛屿之前，仅有 10% 的陆地鸟类物种在此生活，尽管这些岛屿的总面积占据了陆地表面的 1/4 [9]。群岛一直是物种多样化的理想之地，也是达尔文发展其革命性思想的完美之地。

这种多样性的产生过程并不局限于海洋群岛。被陆地包围的湖泊是属于水栖动植物的乐园。例如，东非大裂谷的湿地就充满了各种各样的鱼类。被低地包围的山顶则居住着无法在炎热的低地岛屿生存的动植物。同样，碱性的钙质土壤可能独自露头，而含重金属的蛇纹岩可能被毒性较小的地质所包围。故事是相似的。物种在不同的地点多样化发展，然后有可能再聚集在一起。

在更长的时间尺度上，同样的进化过程也发生在整个地球上。在美洲大陆逐渐接触并最终合并为一个大陆后，在很长一段时间内一直独立发生进化的物种有了接触。尽管南美洲的袋狮和其他一些物种由于这种接触而灭绝，但物种总数却增加了[10]。首先，这是因为迁徙到每块大陆的物种数量要大于两个生物世界相遇时濒临灭绝的物种数量。地球上的物种数量随后便开始增加。从北美洲扩散过来的鹿进化成了 14 个物种，它们分别生活在南美洲不同的栖息地和地理区域（这是北美洲和中美洲鹿物种总数的 2 倍）[11]。同样，向南迁移的骆驼的亲缘物种也进化成了骆马和栗色羊驼。

更引人注目的是，新大陆上分属 80 多个属、超过 375 个物种的大鼠和小鼠都是经过当时的中美洲群岛时进化而来，并在大约 500 万年前到达南美洲[12]；在过去的 150 万年中，大约有 80 个与豌豆类似的羽扇豆物种出现在安第斯山脉的不同地区，这条山脉可被看作是海拔最高的群岛，是存在于低地树木和沙漠之上的凉爽、开阔的栖息地[13]。弗吉尼亚负鼠、北美豪猪和犰狳出现在相反的方向上，它们的祖先曾由南向北进行迁移。

物种多样性增加的“幕后推手”

正如我在第 6 章中所说，即使大陆之间隔着海湾，它们也不是完全孤立的。有些迁移发生得非常频繁。灰尘般的细菌、真菌孢子以及兰花微小的种子可以被吹到很远的地方，像蓟马、蚜虫这样的微小昆虫可以在风中以大气浮游生物的形式发生运输。如今的迁徙鸟类携带着各种种子、孢子和虱子规律性地穿越加勒比海，而在美洲合并之前，它们一定也在南、北美大陆之间来回迁徙。

然而，对于大多数动植物来说，发生在大陆之间的物种运输是非常特殊的。尽管如此，就像反常的暴风雨偶尔会把精疲力竭的鸟类、种子或爬行动物带到遥远的岛屿上，后者抱住漂浮的植物或圆木，也有可能把个体从一片大陆带到另一片大陆。在 19 世纪 70 年代，牛背鹭似乎确实设法从非洲飞到了南美洲。虽然个体运动可能很罕见，但那些在艰苦环境中幸存下来的个体最终会在新环境中进化成新的物种。数千万年后，它们的后代可能会走上相反的旅程。

同一大陆的远距离地区也可以连接、隔离，然后再连接起来。亚洲和欧洲形成了单一的陆块，也就是亚欧大陆，但是分别生长在东亚和欧洲的栎树和山毛榉却并不相同。在欧洲，单个物种的山毛榉就能形成教堂般宏伟的森林，地上铺满金色的秋叶；但中国以及东亚其他地区则生长着不同物种的山毛榉，有些榉树的树干直逼苍穹，而有些榉树的枝丫则贴近地面，与山坡上的竹林争夺空间。中亚地区的气候过于恶劣，这些树在欧亚大陆东西两岸较为温和的海洋区域生存得最好。经过隔离，这些山毛榉已经成为独立的物种。欧洲的栎树也不同于东亚的栎树，这两个地区就像是被大陆中央寒冷和干旱气候所隔开的巨大岛屿。北美洲的栎树和山毛榉树与欧洲和亚洲的又有所不同。大约 5 500 万年前，第一棵栎树进化出来。它起源、传播、扩散到不同的大陆，在不同的地区和气候中进化成不同的物种，其中有些又重新聚集在一起，就像是进展缓慢的大型全球群岛。

与人类世代和人类文明的时间尺度相比，物种重新聚集在一起并推动全球群岛多样化新篇章的速度是如此缓慢，所以如果我们认为全球生物多样性的模式一成不变，似乎也是可以理解的。但现在情况不同了。如今，人类就像超强力胶水一样，能够将孤立的陆地连接成规模愈发庞大的节点网络。东亚地区的貉、北美地区的貂和麝鼠以及南美地区的河狸鼠如今已经与欧洲的獾和狍生活在一起。以前被陆地和海洋无情隔开的物种现在同时生活在欧洲。我们已将独立大陆以及同一大陆内的远距离地区转变成部分区域相连的群岛。

这种物种流动就类似于科隆群岛（加拉帕戈斯群岛）上雀鸟和嘲鸫的活动。貉、貂、麝鼠和河狸鼠抵达欧洲后，将开始采取与家乡不同的进化路径，因为它们正在经历新的环境，并开始与以前从未遇到过的欧洲物种生活在一起。至关重要的是，虽然人类能够使很多物种到达世界上更多的地方，但在大多数情况下，这种速度并不足以阻止它们在新的地点单独进化。在欧洲，现在一定有数百万数量的引进哺乳动物生活在野外，但每年只有少数物种会被有意释放或意外逃脱。换言之，来自遥远家乡的新物种只不过是基因桶中的一滴水而已，尚不足以阻止美洲起源的动物进化为有所差异的欧洲动物。这些物种的大量涌入推动了物种进化多样性的大幅增加，这些物种也成功地完成了这段新旅程。

当然，新的联系也会导致不相容物种的灭绝，特别是那些只存活在偏远岛屿上的物种，这和我之前提到的结论一致。这是生物学逐渐全球化的悲惨后果。尽管如此，与迁移有关的物种灭绝还是相当罕见的，大陆之间的联系增多通常会导致物种多样性的净增长，而不是多样性的净减少[14]。在太平洋中部的岛屿上，即便一些原始物种灭绝了，每个岛屿上的物种总数也比以前多得多。随着物种运输的增加，每一个大陆、岛屿或海洋有可能容纳更多的物种，每个物种都有可能演变成新的形式。在南美鹿、大鼠和羽扇豆的案例中，我们会发现，动植物在抵达新大陆后很容易进化成数十种，在某些情况下乃至数百种与气候、栖息地和地理位置相关的独特物种，这就是所谓的辐射进化。一旦它们在新环境中发生进化，其子物种就有可能重新回到原来的家园，并进一步增加地球上的物种总数，这就像是大型的“全球化”科隆群岛（加拉帕戈斯群岛）。

此前分离的南、北美洲大陆的生物融合，被称为“南、北美洲生物大迁徙”，是过去 1 000 万年中最重要的生物活动之一。这一事件导致了部分物种灭绝，部分物种繁衍成长并产生了新物种。今天，我们正身处于全球生活大迁徙的舞台中心——这将是一场历时久远的伟大事件。我们正在观察新盘古大陆的形成，这可能是 1 亿多年来最大的进化推动力。虽然有些人认为新盘古大陆是由人类连接起来的单一的超级大陆，但这个新世界更像是盘古群岛。每块大陆、大陆上的每片区域以及每个真正的岛屿，都代表着全球岛屿网络中的一个节点。到达一处新地点的每个物种都会经历当地的物理条件，遇到以前从没遇到过的物种，并且开始进化成有所差异的新物种。这个新的全球群岛有可能带来一股进化演变的洪流。

在科隆群岛（加拉帕戈斯群岛）的西北方向，我们可以看到物种首次发生接触后的进化结果。在夏威夷群岛的考爱岛上，居民们在热带阳光下劳累了一天之后，再也不能躺在吊床上享受雄性蟋蟀从灌木林中发出的时长时短的快乐啁啾声了。蟋蟀已经安静下来，这一切都是一只寄生蝇周游世界的后果。

考爱岛蟋蟀本身就是最近才来到这里的，尽管我们还不确定它们究竟是跟随波利尼西亚殖民者而来，还是被后来的商人偷运上船的。这种名为滨海油葫芦（*Teleogryllus oceanicus*）的物种似乎最早是从澳大利亚出发的，它们很有可能在多个中间岛屿上逐步建立起新的殖民地，并最终到达了夏威夷群岛；这种蟋蟀种群如今分布在瓦胡岛、夏威夷大岛和考爱岛。来自另一方向的是对蟋蟀极其危险的奥米亚寄生蝇（*Ormia ochracea*）。这种寄生蝇起源于北美大陆，它们向西迁移到夏威夷并遇到了滨海油葫芦。欢迎大家欣赏人类纪生物学。这两个物种，一个来自澳大利亚，另一个来自北美洲，二者在田园诗般的第三个地方相遇。各位千万不要有什么浪漫幻想，大自然可绝不客气。奥米亚寄生蝇喜欢吃肉——准确地说，它喜欢吃蟋蟀肉。奥米亚寄生蝇产下幼虫（而不是卵），幼虫钻到蟋蟀身体里，从里到外吃掉它们。

每只雌性寄生蝇都会根据声音来寻找猎物。当雄性蟋蟀唱起撩人的歌曲时，它便偷偷爬上蟋蟀的身体，然后留下致命的蛆虫。雌性寄生蝇必须准确地分辨出蟋蟀叫声的方向，才能确定蟋蟀的位置，而这对于耳朵相距太近的昆虫来说是非常困难的，因为它们无法分辨声波到达每只耳朵的时间差异。寄生蝇通过在两只耳朵之间进化出一种非常有效而且精巧的内部物理连接来克服这一问题，而新一代微型人类助听器的开发也在这种动物身上找到了灵感。

20世纪90年代初，明尼苏达大学的生物学教授马琳·祖克（Marlene Zuk）注意到滨海油葫芦的“澳大利亚口音”已经不再悦耳，它们的歌曲时长也变短了[15]。她推断，短歌可能会降低蟋蟀被寄生蝇发现的机会。但是雄性蟋蟀仍然会唱歌，而雌性寄生蝇也会寻找足够多的蟋蟀从而留下幼虫。然后一切又归于平静。在某个地方，蟋蟀群体中出现了一种基因突变，这种突变使雄性蟋蟀的翅膀更加平滑，而这种雄性蟋蟀无法发出声音——因为蟋蟀的叫声通常是由粗糙的翅膀表面进行摩擦而产生的。这可能是一场灾难。不会唱歌的雄性蟋蟀很难吸引到配偶。然而事实证明，安静的雄性蟋蟀仍然具有寻找配偶的能力，而且与被寄生蝇幼虫致死相比，这算不上什么大问题（30%可以发出叫声的雄性蟋蟀在任何时候都有寄生蝇幼虫寄生）。

马琳和她的同事们发现，不发声的平滑翅在种群中的出现率稳步增长——经过不到 20 代繁殖后，90% 的蟋蟀都不再发出鸣叫。这就是快速进化。寄生蝇很难找到有平滑翅膀的蟋蟀，因此每一代蟋蟀都有足够的个体存活下来，使种群得以恢复[16]。现在，人们更可能在吊床上摇荡，躲开在地板上爬行的蟋蟀，而不是聆听它们的歌声。我们暂时还不知道寄生蝇是否正在发展寻找不鸣叫的蟋蟀的新方法，但是能把全部注意力集中于无声雄性蟋蟀的奥米亚寄生蝇种群绝对拥有着巨大的优势。比赛还没有结束。进化的游戏从来不会结束。

对肉食蛆虫的接触导致考爱岛蟋蟀与澳大利亚蟋蟀以及南太平洋的莫雷阿岛蟋蟀之间出现了差异，随着这些蟋蟀首次发生接触，它们也开始了全球群岛的进化分离过程。由于每个蟋蟀物种都有一种独特的鸣叫声，使雌性能够识别它们的配偶，这就是最终导致滨海油葫芦进化成新物种的具体变化。如果蟋蟀在每个岛屿上都发展出不同的声音手段来躲避寄生蝇，那么这种情况甚至也可能发生在其他夏威夷岛屿上。局部隔离的物种分离与进化过程已经开始了。

基因隔离：苹果实蝇与山楂实蝇分道扬镳

对于盘古群岛来说，世界上物种数量的增加需要如今生活在不同大陆、每个大陆上的不同栖息地以及不同岛屿上的迁徙种群进化出差异，从而形成独立的子物种。大家通常认为新物种的形成就算没有 100 万年，也需要几十万年时间，那么这种全新多样性的潜力似乎与我们的 3 万到 4 万代后代更为相关，而不是当今这批人类。

因此，一方面，悲观失望者仅仅关注物种的损失或许是合理的；另一方面，众多的快速进化案例表明，我们已经启动了新一轮伟大的进化加速：杂交意大利雀已经出现；家雀儿已经在不同的区域进化出了特征性的喙和身体尺寸；果蝇的体型及其染色体的排列在不同的引入地发生了分化[17]；蟋蟀也变得沉默，不再鸣叫。另一个案例就是，阿根廷火蚁抵达美国后变得更具攻击性，以至于当地的刺蜥不得不进化出新的逃生方式[18]。问题是，这些变化是否足够快，以至于旅居国外的种群在新环境中开始进化成不同的物种。如果的确是这样，那么快速进化究竟需要多长时间？

加州是移民的温床，所以这里很适合发生进化。加州人是否会变成新物种？外来物种在这个地区并不一定受到欢迎，人们往往会指控它们对当地物种的驱逐。这其中就包括了矢车菊属（*Centaurea*）的西班牙植物。加州属于地中海式气候，冬季凉爽而且相对湿润，夏季则炎热干燥，因此欧洲的黄矢车菊（*Centaurea solstitialis*）及其亲缘物种西西里矢车菊（*Centaurea sulphurea*）在此建立起野生种群并不奇怪。特别是黄矢车菊，这种植物已经成功地存活下来，以至于被看作是一种有害杂草。尽管它带刺的金黄色花朵为蝴蝶和蜜蜂提供了花蜜（加州矢车菊蜜是一种新的烹饪潮流），况且它主要生长于当地野花极其稀少的受干扰地区。无论如何，如今的加州没有办法摆脱它。

矢车菊在加州由来已久，这两种植物从其西班牙祖先处独立进化而来可能已经经历了许多世代——西西里矢车菊在 1923 年前后被引入加州，使得西班牙种群和加州种群能够独立发展到最多 86 代[19]。但是它们真的能在这么短的时间内就变得如此不同吗？没有人会预料到这种情况，蒙大拿大学的研究人员丹尼尔·蒙特西诺斯（Daniel Montesinos）、吉尔伯特·圣地亚哥（Gilberto Santiago）和雷·卡拉威

（Ray Callaway）也不例外，生态学家和进化生物学家已经接受了“新物种的形成需要非常久的时间”这种“知识理论”。事实上，他们根本没有考虑过这种情况。他们进行实验的主要目的是获得每个种群和物种的“纯种”种子，用于进行其他研究。然而为了消遣，现任职于葡萄牙科英布拉大学的蒙特西诺斯，用他自己的话说，“开玩笑地决定”将西班牙种群的花粉转移到加州种群上“就是为了看看会发生什么变化”。

结果令人非常惊讶[20]。用西班牙种群的花粉进行受精时，加州种群上每朵花的种子产量要比用同类植物授粉时少44%。自从这些植物被引进到加州以来，西班牙种群与加州的西西里矢车菊的亲和性一直在下降。黄矢车菊的隔离度更高，其受精率降低了约52%。然而，这种现象已经经历了很多代。黄矢车菊在加州的最早发现时间是在1824年，但它是经过智利间接抵达的，所以西班牙种群和加州黄矢车菊的最后一次杂交的机会发生在此前350代左右。尽管如此，这种进程仍然十分迅速。加州种群和西班牙种群似乎正在失去交配能力。它们正朝着独立物种的方向发展。

由于近缘物种有时也可以相互交配并产生杂交后代（即下一章的主题），所以加州植物被视为不同物种的标准并不是可育性完全降低为零。了解到这一点，蒙特西诺斯和他的同事决定研究不同的野生矢车菊物种相互杂交时的繁殖能力。他们试图用西西里矢车菊以及另一个相关物种的花粉为黄矢车菊受精。

结果表明，当用不同物种的花粉进行杂交时，黄矢车菊的种子产量减少了65%～88%。受精率分别降低了44%和52%，这表明加州的黄矢车菊可能还不是完全独立的物种，但它正朝着这一方向发展，而且如今距其与西班牙祖先的分离仅仅不过86～350年。

如果这种植物以同样的速度继续分化，那么它很可能在几个世纪内就成为截然不同的“人类创造”物种。到那时，加州人将会摒弃他们对“外来”植物的仇恨，并将其作为当地物种看待吗？

矢车菊以及数千种其他植物的抵达和驻扎为昆虫的捕食、疾病的感染以及鸟类和蜥蜴在其茎叶间寻找食物提供了机会。正如我们所看到的，当这些植物开始在内华达山脉东侧的卡森城附近生长时，艾地堇蛱蝶已经开始食用长叶车前草，而泰勒堇蛱蝶则几乎完全依赖于新的植物。没有迹象表明这种蝴蝶即将成为一个新的物种；许多种群在没有进化成不同物种的情况下都拥有自己的特征。然而，在数百万开始食用“外来”植物的“本土”昆虫中，有些种群确实在某种程度上发生了变化，将其与祖先区分开来，新物种便开始出现了。

在一个半世纪前开始在北美地区侵袭栽培苹果的苹果实蝇就是个很好的例子。它们是迷人的果蝇，尽管并不是果农以及我们这些喜欢无瑕苹果的人的最爱。它们的幼虫，也称为蛆虫或“蠕虫”，会钻入苹果的果肉；就算你不小心吃掉它们也不会对你造成任何伤害。然而，成年果蝇是令人愉快的。它们的透明翅膀上有着 F 形的黑色标记，当它们察觉到自己可能会受到攻击时，就会上下摆动着翅膀、扭动标记并横向行走。令人惊讶的是，这种行为似乎能让果蝇在捕食者眼中伪装成蜘蛛，黑色的翅膀带纹会加粗伪装成足。据推测，捕食性昆虫或其他蜘蛛因此受到欺骗，认为其有危险性并且避开它们。

苹果实蝇在苹果树上交配，并在苹果中产卵；蛆虫在苹果内发育，完全长大后就通常会连同苹果一起掉到地上，而后便爬出来在苹果树下的土壤中形成蛹。到了下一代，蛹壳破裂打开，一只新的成年苹果实蝇飞出来，并开始寻找下一年正在成熟的苹果。我这段话中出现了很多个“苹果”。苹果实蝇所做的每一件事都与苹果密切相关。与此相反，山楂实蝇在野生山楂上交配，在发育中的山楂果上产卵，它们的幼虫钻入山楂果中，然后落到地上在那里化蛹。山楂实蝇如今仍然存在，还像以前一样食用山楂。

早在 20 世纪 80 年代，生物学家杰弗里・费德（Jeffrey Feder）就开始对自己博士期间的研究产生兴趣。当时，他正与盖伊・布什（Guy Bush）合作，后者是一位进化生物学家，主要研究一个物种分化为两个物种的过程。杰弗里和他在圣母大学的同事继续着这项研究[21]，他们发现，苹果实蝇已经进化得喜欢苹果的味道，而山楂实蝇则喜欢山楂的味道。每种植物都有其独特的气味，这些气味中的特定化学物质是昆虫寻找食物的可靠途径。正是这些气味使得两种实蝇发生了分化。

当苹果实蝇在春天出现时，它们会灵敏地嗅到苹果的味道，并在发育中的苹果上或附近处交配，而山楂实蝇则热衷于山楂的气味，所以它们会在发育中的山楂果上或附近处交配。换言之，苹果实蝇和山楂实蝇几乎不会相遇或发生交配，因为它们生活在不同的树上。

二者在进化中也变得会在春天的不同时期活跃起来，因为苹果树比山楂树的开花时间略早些。雌苹果实蝇需要在春季的早些时候准备产卵，而这种提早交配进一步地降低了两种蝇类之间发生杂交的可能性。

总的来说，它们已经在基因上彼此隔离，这是决定两种不同的动物能否属于同一物种的主要标准。苹果实蝇正在变成一种新物种：它可能还不存在，但它正在进化。像矢车菊一样，这些果蝇正在成为完全独立的物种。在目前的情况下，这大概需要 150 ～ 200 年的时间[22]。

进化趋异与物种形成已进入“超速”状态

故事并非到此而止。小果蝇身体内还有着更小的寄生蜂，而可怜的苹果实蝇则拥有 3 种寄生蜂[23]。小寄生蜂会蜇住果蝇蛆虫，而寄生蜂幼虫就在果蝇蛆体内发育。蛆虫里还有幼虫。寄生蜂通常先嗅出植物的气味（一整棵苹果树的气味要比蛆虫更容易闻到），然后再把注意力集中到正在发育的果实中去寻找蛆虫。然而，从历史角度来看，寄生蜂本会被山楂的气味吸引。

令人惊讶的是，3 种完全不同的寄生蜂现在发现苹果的香味更加不可抗拒，更值得注意的是，它们会排斥山楂的味道。这 3 种与苹果有关的寄生蜂也在苹果上或周围处交配，它们也会在每年的早些时候孵化，与苹果实蝇蛆虫可供其叮咬的时间一致。被苹果吸引、在苹果附近交配以及在早春季进行交配，这意味着这 3 种苹果寄生蜂已经在基因上与其山楂寄生蜂祖先有所不同。4 种昆虫物种—— 1 种果蝇和 3 种寄生蜂，正在几个世纪的时间尺度内演变成 8 种昆虫物种，而这一切都与一种引进的植物有关。

苹果实蝇是否应该被看作新物种，人们一直对此存在一些争论[24]。当然，物种间并没有绝对的分界线。一方面，当某个物种的两个种群变得越来越不相同时，其间总会有一段趋异的连续体。尽管如此，在我们决定苹果实蝇仍然与其山楂祖先归属同一物种之前，我们必须再三检查。我所咨询过的大多数进化生物学家并不认为这两种果蝇已经完全演变成两个物种，就像吉娃娃犬和爱尔兰猎狼犬通常被看作同一物种一样。山楂实蝇的基因仍然可以通过偶尔的交配传递给苹果实蝇，因此我们有理由推断二者尚未实现完全的生殖隔离[25]。

另一方面，我不禁想知道这些进化生物学家的看法是否会受到苹果引进到北美的方式的影响。假设我们不考虑这点，然后再回顾杰弗里的研究。这两种果蝇的行为有所差异，它们热衷于不同的植物气味、食用不同的植物、在不同的植物上交配并表现出发育和生理上的区别，所以它们会在一年中合适的时间活跃起来并各自开采两种植物，它们的基因差异与各自的植物有关；然后，还会有专门的寄生蜂集中攻击苹果实蝇。在不了解北美引进栽培苹果的历史背景的情况下，我们可以得出以下结论：苹果实蝇和山楂实蝇是不同的物种。正是由于一个物种分化为两个物种的速度太快，而使得我们不愿意承认这两个物种的分离。

随着各个物种在世界各地旅行，它们开始分化，并与其祖先以及同一物种的其他引进种群建立起地理隔离。正如我们在果蝇和寄生蜂的案例中所了解到的，本地物种已经在不断进化并进化成新的生态形式，以应对新物种的涌入。这种地理和生态隔离足以使这些动物和植物继续在遗传上保持差异，直到它们在足够久的时间后成为新物种。物种形成似乎正以一种足以在几千年，甚至更短的时间内产生新物种的速度在我们面前展开。

然而，从现在开始，新物种的全面扩散将持续数十亿年时间。成千上万的植物被引进到世界各地，有了“新居所”；它们已经占据了欧洲野生植物的 1/3。当今欧洲的每一种植物都可能是从它们的美洲、亚洲、非洲和澳大利亚祖先中分化而来，就像加州的矢车菊那样。首先，它们将成为不同的种群，接着就是不同的物种，而在 100 万年或更长时间之后，每种引进植物都有可能形成几十个与不同栖息地或地理位置相关的新物种，就像安第斯山脉中羽扇豆的多样性一样。动物的多样性也将随之而来。就像如今的堇蛱蝶食用引进的车前草、北美的山楂实蝇开始吃苹果一样，欧洲的昆虫、疾病和真菌都开始适应这些新引进的植物。它们与来自遥远大陆的其他植食性昆虫、病原体和真菌相结合，而后者到一定时候就会分离成欧洲物种。而这些昆虫都会有自己的天敌。像山楂实蝇与寄生蜂那样的故事将成为常态。与此同时，引进的鸟类和哺乳动物也加入了这一行列。客观来说，欧洲的生态多样性将随之大幅增加。

作为人类，我们已经建立起自己的计划，使地球上的生物尽可能保持不变,而我们的策略之一就是击退入侵者,这样我们就可以“按照现状”来保护生物多样性。然而,我们却未能控制物种的全球运输，这就代表我们还有一线希望。虽然其他物种的到来加速了生态变化，但更多物种的加入会立即加快进化速度，并随之提高了新物种在地球上出现的速度。

换句话说，我们并没有在人类纪时代打破进化趋异和物种形成的生物过程。这个过程已经进入了超速状态。我们已经创造出一个全球群岛、一个物种生成器，它将在地球上产生比人类走出非洲之前更多的物种。再过一百万年，我们可能会见证几百万个新物种，它们皆因人类的存在而出现。

生活在海地岛海滩上的达尔文嘲鸫。

温顺的达尔文嘲鸫成鸟。

生长于加州的黄矢车菊已与其欧洲祖先部分不亲和，它们正迅速地演变成一种全新的物种。这些植物多刺（注意每朵花基部的刺），被视为入侵性杂草，但它们同样也是养蜂人和本地昆虫重要的花蜜及花粉来源。

山楂实蝇（在柔毛山楂上）的幼虫在其北美寄主植物的果实内发育。

雪果上的脊胫茧蜂属寄生蜂（*Utetes canaliculatus*）也开启了苹果之旅，它们在此寻找苹果实蝇幼虫进行寄生。

苹果实蝇。自从苹果树被引入北美洲以来，这种果蝇已经开始进化成一个新的物种。它翅膀上有模仿蜘蛛的奇怪标记，以此威慑潜在掠食者。

第 9 章
“冒险家物种”：与远亲接触并杂交

千里光：人类导演了我们的邂逅杂交“剧本”

2014 年夏天，约克千里光（*Senecio eboracensis*）这种开黄花的植物第一次在我家的前院里发芽，而它第一次在其原产地约克郡生长，早已经是十多年前的事了。约克大学的地面维护经理戈登·伊斯特汉（Gordon Eastham）将其播种在校园里一处环岛的中央，这让它的生长不太受人类干扰。约克市政府在十年前不明就里地将约克千里光铲除，直到最近约克市才首次将其种植在一座正规的花园里。到现在为止，这又是一个熟悉的故事：一个物种灭绝后，大家又试图将其复兴。

但约克最初怎么会拥有一种世界上其他地方都不存在的稀有植物物种呢？约克位于北纬 54 度，要比加拿大纽芬兰省更靠北一点，而与寒冷的阿留申群岛、堪察加半岛和贝加尔湖的纬度相似。在仅仅 2 万年前，约克郡还只是瑟缩在巨大冰块之中的存在，而如今，这座城市的大部分地区都位于冰河堆石的顶部，因为就在上次冰河时代的末期，石沙都被融化的冰川冲刷掉了。约克千里光不可能起源于冰层之下。物种通常要经过 100 万年或者更久的时间才能演化出来，所以这种植物到底来自哪里呢？它又是什么时候出现的呢？这些问题的答案令人意想不到：约克千里光就来自约克，它出现在 20 世纪的最后 25 年，而后就被人类想要干净、整洁路面的愿望所再次扼杀了。幸运的是，著名植物遗传学家理查德·阿尔伯特（Richard Abbott）研究了这种植物的起源，并有先见性地保留了一些种子。

约克千里光的故事要从几个世纪前、2 000 千米远的地方讲起，那时植物学家们正在意大利南部西西里岛的埃特纳火山上寻找新的物种。我们所提到的两位植物学家就是弗朗西斯科·库帕尼（Francesco Cupani）和威廉·谢拉德（William Sherard）；前者是西西里岛米西尔梅里植物园的第一任园长，而后者这位出身平凡的英国人在 1703 年到 1716 年成长为土耳其港口城市士麦那的英国领事，在此期间他建立起一座漂亮的花园并积累了早期财富，从而令其能够将余生都投入到他最爱的植物学事业中来。两位植物学家的第一项任务，就是在埃特纳火山山坡的中等海拔区域采集一些非同寻常的具有亮黄色花朵的千里光属植物。

人们后来发现这些植物是两种野生千里光物种的天然杂交种，其中 *Senecio aethnensis*（尚未有中文学名）天然生长于高山地区，而另外一种 *Senecio chrysanthemifolius*（尚未有中文学名）则是矮山坡的长居客。在 18 世纪初，这种杂种千里光被运往牛津后，一度和其他园艺植物一样安安分分地生长在人类为其安排的城市植物园里，直到它的种子随风飘向这座发展中城市的其他地方[1]。逃离了植物园花圃的肥沃土壤后，它在和火山一般荒芜的环境中找到了新家，比如牛津大学各学院和图书馆的墙壁和碎石。在一个世纪内，它亮黄色的花朵就装饰了整座城市。它也有了自己的名字——牛津千里光，以及不像牛津那么显赫的拉丁文学名 *Senecio squalidis*。这种植物在遗传学上与其双亲完全不同，并且无法与其亲本繁殖，所以从各种角度和理由看来，这都是一个全新的物种[2]。

世界物种名录上又添加了一种新植物，这种事情可能会一直发生。尽管牛津千里光的种子可以借助风力在牛津的各栋梦幻象牙塔尖飘荡，但种子能够传播的距离终归有限。如果种子飘落在周边的牧草和林地里，可能就找不到合适的土地生长。但是，牛津火车站于 1844 年落成了。实业家们热衷于在全英国范围内运输货物和搭载乘客，他们无心地搭建起了牛津千里光的传送带。火山岩浆般的碎石充斥着每条新建的铁路，这些长途旅程都成为埃特纳火山寄居者的新栖息地，它们要比英国草地里的花朵更能适应这种环境。

感谢你，伊萨姆巴德·金顿·布鲁内尔（Isambard Kingdom Brunel，英国工业革命时期的著名工程师，建造了世界上第一条铁路）。而后，实业家们又非常好心地搭建起可吸入种子的设施系统——火车。在这种交通工具所产生的空气旋涡的帮助下，种子沿着人工的“熔岩流”移动到一座又一座城市，它们发现那里的人造栖息地正等待自己去殖民。感谢你，乔治·史蒂文森（George Stephenson，通常被认为是蒸汽机车的发明人）。如果无人知晓牛津千里光的历史，人们很可能会以与铁路系统相连的任何一座城镇为其命名；牛津千里光是英国最常见的花之一。

千里光属植物并不以其忠贞而闻名。它们初到约克时，本地已经存在与之有亲缘关系的常见的欧洲千里光。欧洲千里光（*Senecio vulgaris*）不及牛津千里光那样显眼，没有像样的花瓣。本土的欧洲千里光主要生长在花坛、建筑工地、凌乱的路面、庭院和超市停车场。人们现在尚不清楚欧洲千里光是何时来到这里的，但是它们已经在这座城市生活很长一段时间了。在公元 500 ~ 1000 年，这种植物的盎格鲁-撒克逊语名字叫作 groundeswelge，意思为“淹没地面”，指的是这种植物入侵裸露地面的习性。无论如何，它都属于千里光属。当牛津千里光在约克火车站安顿下来时，人们对它进行了简单的人工引进。大约在1979年，一个新的杂交种诞生了。这个杂交种是纯育品种。

其亲本的杂交能力令人印象深刻。欧洲千里光具有40条染色体（即每个细胞都具有的该物种的遗传密码结构），而牛津千里光仅有20条染色体。约克杂交种选择了40条染色体，这大概就是为什么相较于牛津千里光，它更容易与欧洲千里光发生杂交。尽管如此，在20世纪最后20年，约克千里光展现出了建立起一个基因独特、自我延续的种群的能力。理查德·阿尔伯特兴奋地认为，这一杂交种可以被看作一个新的物种。考虑到许多其他植物物种的背景也多少有些杂乱，这种想法也是合理的[3]。因此，约克千里光诞生了。Eboracum是约克在罗马时期的名字，再追溯到罗马以前则叫作Iburakon，这在凯尔特语中是指“紫杉生长的地方”。这是第2个新物种。到20世纪90年代，人们发现在乌斯河两岸的人行道裂缝间开满了约克千里光，这里离约克火车站很近。然而，约克市政府决定清理人行道，这一物种再次消失。或许，要是没有阿尔伯特和他的同事保存并捐献约克千里光的种子，世界上就少了一个物种。

现在，我们仍然拥有这两个物种：牛津千里光和约克千里光。不仅如此，牛津千里光的英国之旅范围广阔，与其他地方常见的欧洲千里光杂交，经常繁殖出一种学名为*Senecio baxteri*的杂交种。因为这种具有30条染色体的杂交种不育，所以不能算作是新物种。然而，在北威尔士的某些地方，一些*baxteri*杂交种一定是偶然经历了发育“错误”，繁殖出一种含有60条染色体并且可以繁育的植物。因此，威尔士千里光（*Senecio cambrensis*）出现了，新的物种瞬间形成[4]。这是第3个新物种。爱丁堡也出现了同样的情况，这些植物与威尔士千里光外形相似，但是后来又灭绝了，所以我们可能不必把爱丁堡的杂交种算到新物种中。

以上 3 个新物种以及一系列其他杂交种的诞生都是近 300 年来人类活动的直接产物：将植物从西西里岛运送到英国、建造人工峭壁和砾石床、火车将种子带到遥远的地方，令牛津千里光与欧洲千里光得以相遇，并在人类创造的栖息地中茁壮成长。这种每个世纪出现一个新物种的速度，要比传统方式下的物种形成速度快了上万倍。人类活动责无旁贷。

建立“大不列颠大米草帝国”的大米草

这些千里光属植物只是昙花一现吗？还是人类在不断造成地球上其他物种灭绝的同时，也引发了新物种的多样化？加州的矢车菊野草与其欧洲祖先有所不同；苹果实蝇出现后，它的天敌寄生蜂也不断繁衍；家雀儿和黑胸麻雀结合后，诞生了意大利麻雀；而如今，千里光属植物正以令人惊讶的速度形成新物种。牛津千里光及其亲缘物种与欧洲各地的欧洲千里光邂逅之处，千里光属植物的各种杂交种可能正在繁殖。再过几千年，欧洲各大城市也许都会出现其独一无二的千里光品种，其中许多品种或许因为足够独特而被认定为独立的物种。

据我们所知，在千里光属物种多样化的同一时期，没有任何一种英国植物物种在全球范围内灭绝。一方面，有些物种在英国消失，但仍然存活在欧洲大陆的其他地方。这意味着在过去的 3 个世纪里，人类在英国地理范围内的活动造成了地球上植物物种数量的增加。但是，新的千里光杂交种远不如某些已经在世界上灭绝的物种那般与众不同，因此它们不应该被当作是对等的替换。例如，大海雀是一种不会飞的海鸟，过去常常在英国大陆周围的沿海岛屿和北大西洋其他多岩石的小岛上筑巢。人类为了获得它们的肉、蛋和羽毛而对其进行了捕杀，所以这种海鸟于19世纪中叶在世界上完全灭绝了。它是独一无二的。大约2 500万年前，大海雀的祖先与其祖先刀嘴海雀（刀嘴海雀体型比大海雀更小，且会飞翔，它们一直存活至今；正如我们在新西兰看到的那样，会飞的紫水鸡幸存了下来，而不能飞的南秧鸡濒临灭绝）分离开来，所以从遗传学角度来看，大海雀属于刀嘴海雀的一种。与大海雀和刀嘴海雀间的关系相比，不同千里光属物种之间的基因相似程度要趋同得多。

另一方面，新的千里光属物种是存活的生物。对于许多动植物而言，人类纪时代的确将成为其进化故事的遗憾终点，但这个时代也代表着许多新故事的开端。进化加速也开始加快步伐。

考虑到英国人长久以来对园艺和博物学的兴趣，以及英国是进化生物学的发源地，这个国家可能是世界上唯一可以开始估算新物种出现速度的地方。分别产自北美洲和南美洲的两个不同品种的酸浆属植物在两种不同的地点从人类的花园中逃了出来，它们的杂交后代具有翻倍的染色体数量，并形成了一个新的物种。

该物种如今生长在苏格兰的河边地带。这给环保主义者带来了真实的困境：他们是该扼杀这种新的外来植物，还是该庆祝这一物种在地球上的出现呢？当北美大米草（*Spartina*）和英国大米草在南安普顿附近潮间带的广阔泥地上杂交后，生活在沼泽里的大米草就出现了。一个新的杂交物种 *Spartina anglica* 诞生了，它的名字中还骄傲地带有原产国信息。这种大米草而后在英国海岸线上肆意生长，并在世界各地的河口建立起自己的“大不列颠大米草帝国”[5]。

从物种培育的角度来说，我们有欧报春。这种植物诞生于1898年，当时的植物猎人分别从喜马拉雅山脉以及非洲或阿拉伯半岛引进了它的亲本。在伦敦泰晤士河南岸的皇家植物园邱园里，亲本的花粉落到了柱头上。于是，它们的后代欧报春诞生了。

自 1700 年以来，英国一共出现了七八个新的植物物种。在英国，每个世纪诞生 2 ~ 3 个新物种可能看起来并不多，但这样的新物种形成速度与过去地质时期的新物种形成速度相比，快了近乎百倍[6]。如果地球上其他地方的杂交植物的物种形成速度与英国范围内的速度一致（这在当前可能只是种假设，但考虑到大陆之间的物种运输速度加快，这种情况在下个世纪很可能会实现），那么，粗略地算来，全世界范围内每个世纪会产生 1 000 个新的植物物种[7]。

新物种的形成只是杂交世界的冰山一角。通过对不同的园林植物进行杂交，园艺学家们已培育出数以万计的新品种。而且，杂交种不仅局限在花园里。不久前出版的植物地图确定了英国乡村中植物物种之间 900 余种不同的杂交组合[8]。其中有许多物种仅出现了一段时间后就灭亡了，但有一些物种仍存活下来。美化或是毁坏了英国风景的彭土杜鹃（这取决于个人观点）主要起源于欧洲，但这一物种含有少许两种北美杜鹃物种的基因[9]。它们的“纯种”欧洲祖先显然很难培育，但这并不令人奇怪，因为它们来自西班牙和葡萄牙较温暖的地区，然而新培育的园林杂交种能更有效应对寒冷天气。

新杂交种具有的绝大多数基因仍然来自于欧洲物种，但是有人提出“美国基因”可以使柔弱的欧洲植物更加坚强（自 19 世纪初起，欧洲冬天的天气变得逐渐温和，这可能也有所帮助）。这样产生的杂交种非常成功，在酸性土壤上形成了落叶林木的常绿下层林木，并在荒野、沼泽和沙丘形成了低矮的灌木丛。这种野生杜鹃在传统上以其欧洲植物学名 *Rhododendron ponticum* 而为人所知，但现在却是指 *Rhododendron x superponticum*，其中 *x* 表示杂交起源，而 *super* 也提示我们或许不该允许它在乡村里肆意生长。

最近的新闻头条讲述了英格兰“来自入侵性杜鹃的威胁”、爱尔兰对该植物发起了“三十年战争”，以及苏格兰的“杜鹃花威胁”。

但威尔士明显已经有了解决方案：据《威尔士每日邮报》（*Welsh Daily Post*）报道，“斯诺登尼亚的‘杜鹃警官’：格鲁菲兹力争根除外来入侵者”。虽然杂交还不能立刻生成一种新的物种，但是在这种情况下，这些杂交种已经形成了独特的种群，并有潜力在更长一段时间里进化成一种新的杜鹃。无论格鲁菲兹和他的朋友们对此有多讨厌，世界上自此多了一种新植物。

尽管英国人对园艺的确痴迷，但是英国的空气中并没有能诱导植物杂交形成新品种和新物种的独特成分。同样的杂交现象也发生在其他地方。而且，自从人类开始种植植物以来，杂交现象就一直在发生。

人类祖先通过在中东地区繁育杂交野草中籽粒较大的变种而创造出新的小麦品种[10]，他们还给我们带来含有两种北美野生亲缘物种染色体的杂交花生[11]，并且在欧亚大陆和非洲培育出3个新的杂交卷心菜物种[12]。联合国粮食及农业组织在全世界最重要的人类食物来源名录中至少罗列了6种人类创造的物种。这6个物种完全是新物种。大多数其他主要农作物也至少含有一种以上野生植物物种的部分基因。转基因纯化论者注意啦：你吃的每顿饭都可能含有在人类出现之前从不存在的混合基因！

撇开农业方面不谈，来自欧洲的金黄色和紫色婆罗门参植物一起被带到北美洲，二者的杂交种发生了遗传变化，在美国华盛顿州和爱达荷州进化成2种或3种全新的物种[13]。欧洲的山柳菊杂交种被引进到新西兰并大量繁殖[14]。目前地球上新物种的形成速度似乎是有史以来最快的，或者至少自动植物首次在地球上定居以来是最快的。

由两种生物形成一种新生物并不是什么新鲜事儿。在我们的身体内，几乎每个细胞都包含线粒体这种能量供给结构。线粒体起源于原始世界中独立生存的微生物,那时候,我们现在所认识的“动物”和“植物”尚未出现。

与之相似，植物中的绿色来自于叶绿体。叶绿体也是古代微生物的后代，在两个独立的生物开始共同生活数十亿年后，如今的叶绿体仍然存在于植物的茎叶中。这一历史性的结合使植物能够捕获阳光中的能量，并将大气中的二氧化碳转换成它们赖以生长的糖分。奶牛、吸食植物的蚜虫乃至人类消化植物的能力也取决于其各自内脏和体内存在的不同微生物。总而言之，每一种动植物都含有来自不同物种的混合基因。然而，这些携带微生物的生命联合体与两种亲缘相近的千里光属物种之间的杂交全然不同。这些杂交事件的数目似乎正在增长。

多物种、多元杂交的代表性动物——人类

当现代人类初次走出非洲时，我们并不是第一批定居在欧亚大陆的人类。尼安德特人曾居住在欧洲，而丹尼索瓦人曾居住在亚洲。如此一来，我们可能永远无法知道现代人类究竟是诞生于战争、绑架和奴役行为中、被当作其他物种后代的孤儿而抚养长大、抑或是在充满爱与和谐关系中出生的。基于对人类的了解，这些情况可能都发生过。无论具体情况如何，人类通过交配产生了有生育能力的后代，而尼安德特人和丹尼索瓦人的基因如今仍然存在于我们体内。

多亏分子生物学家能够读取我们的基因并从古老的尼安德特人的骨头中提取 DNA，所以我们知道了生活在非洲之外的人类有大约 1% 的基因来自尼安德特人祖先（除了近期的非洲移民，他们体内只含有微量的尼安德特基因）。也许更值得一提的是，我们每个人所获得的尼安德特人基因都有些许不同，以至于尼安德特人的基因组有

60% 甚至更多仍然存在于现代人类物种中[15]。因此，尼安德特人的灭绝进程终究还未过半——他们就是我们！在亚洲，随着埃塞俄比亚祖先扩张到东亚、澳大利亚、太平洋地区和美洲，人们身上甚至混合了更多的丹尼索瓦人基因[16]。

今天，这种基因混合仍在继续。以新西兰生物学家杰奎琳·贝格斯（Jacqueline Beggs）为例，她的祖先包括含有部分尼安德特基因的欧洲人和含有部分丹尼索瓦基因的毛利人。不仅如此，人类和黑猩猩系谱的分裂似乎发生在数百万年前（不同的染色体在不同的时期分化），这意味着亲缘关系紧密的类人猿物种之间当时也发生了杂交。如果我们把杰奎琳体内的染色体和数以万亿计的微生物算进去，那么，杰奎琳就是一个多物种、多元杂交的动物，我们人类都是。

有些人或许会争辩说，第一批现代人类、尼安德特人和丹尼索瓦人仅仅是一个人类物种的 3 条分支，而不是 3 个独立的物种，但是有遗传学证据表明，现代人与尼安德特人杂交而来的男性的生殖能力有所降低。也许，仍然可以杂交的不同植物并不是完全独立的物种。

正如我们所看到的，当讨论吉娃娃犬和狼、苹果实蝇和山楂实蝇是否分属独立的物种时，我们通常很难在二者之间画出清晰的分界线，因为物种形成是一段连续的分离过程。在任何情况下，这样的辩论都不会改变整个故事。无论持何种观点，人类的祖先都不是不断分裂的生命之树，而是时常重新连接到一起的灌木丛。无论是在不同物种之间还是在亲缘关系密切的物种之间发生杂交，杂交种都会带着混合基因继续生存下去。基因混合仍在继续。

如今，现代非洲人再次和祖先已经在非洲之外生活了 10 万年的现代人发生杂交，而后者含有的尼安德特和丹尼索瓦基因已经在非洲外存续了近 50 万年。1 000 年后再回过头来看，很有可能地球上的每个人多少都会携带一些尼安德特和丹尼索瓦基因，以及一种未知的、已经灭绝的非洲物种的基因，而这种基因只存在于当今非洲人的遗传密码中。这种遗传多样性可能有益于人类的长久未来。

识别和解读人类基因的技术尚处于萌芽阶段，而我们对人类杂交起源了解如此多的唯一原因就是因为我们自己是人类。相较于其他物种的 DNA 序列，我们更加深入地关注自身的遗传镜像。然而，从我们已知的情况来看，人类的故事似乎并不罕见。不同种类的动植物有时也会互相交配，有时也能产生可育的杂交后代。那些可育的杂交种可能会再与亲本物种之一发生回交（就像人类或是杜鹃一样，再从其他物种中提取出一些基因并与之结合），或者会继续形成一个独立的物种，继而传播到世界各地，比如杂交的英国大米草如今已经在北美洲、亚洲和澳大利亚大量繁殖起来。但是人们这种对于杂交的重要性的理解仍然非常短浅。

人们了解得越多，就越觉得杂交是一种常态。北美洲的袖蝶（*Heliconius*）通过互相交配获得了翅膀颜色基因，在这个过程中，安第斯山脉东侧高处的山谷中产生了一种新的杂交物种[17]。来自美国东南部的红狼 80% 像丛林狼，20% 像狼[18]。阿巴拉契亚虎纹凤蝶（*Papilio appalachiensis*）隶属凤蝶科凤蝶属，分布于北美洲东部，尤其是阿巴拉契亚山脉地区。它拥有加拿大虎纹凤蝶（*Papilio canadensis*）和美洲虎纹凤蝶（*Papilio glaucus*）这两个亲本物种的基因[19]。大西洋中的细斑原海豚是长嘴海豚和条纹原海豚的杂交后代[20]。北极灰熊体内的每个细胞都具有北极熊的基因[21]。杂交的确很正常，一直以来都是如此。

自达尔文以来，我们一直把生命的进化描绘成一棵不断分枝的树，但事实并非如此。生命之树的概念应该被更加复杂的相互作用的生命马赛克图像所取代。在这幅图像中，尤其是亲缘关系密切的物种可能会在它们首次分离数百万年后继续交换某些基因[22]。其结果就是，我们每个人体内的不同基因会通过略有差别的途径而来。这绝对是细菌的常态，在生命历史早期明显发生分化的“物种”仍然会交换基因。生命是错综复杂的灌木丛，这要求我们改变对近期杂交而来的动植物的态度。它们不会破坏生命之树，生命之树就是这样生长的。

我希望，我们不会因为其他人类的遗传密码中有一部分来自于尼安德特人、丹尼索瓦人、埃塞俄比亚人或其他人类谱系，就或多或少地排斥他们。这与我们无关。我自己身体里的尼安德特基因并不会改变我的人性，任何培养种族主义者思想的人都应该考虑这样的现实：他们自己的身体就包含了不止一种原始人类物种的基因，还有许多史前人类物种的基因。植物和动物的杂交起源也是如此。

纯种执念：北美野牛因品种不纯就该被宰杀吗？

人类导致新杂交种形成的速度增长如此迅速的原因主要有两个。一个是我们为其提供的新机遇：工程师们挖掘出的人工运河使两种杜父鱼在欧洲的莱茵河水系相遇并交配；新英格兰农村社区的丛林狼携带着狗的基因；家雀儿跟随人类种植者离开印度，遇到了黑胸麻雀并繁衍出杂交的意大利麻雀。新栖息地和新物种的接触为之前发生分离的物种提供了邂逅和杂交的机会，而在某些情况下，这就会形成新物种。

其中一个例子就是忍冬果蝇。1997 年，宾夕法尼亚州立大学的学生迪特马尔·施瓦兹（Dietmar Schwarz）在慢跑途中停下来休息时看到了忍冬灌木丛，他对此十分感兴趣，因为他以前曾在德国老家研究过以忍冬为食的昆虫。迪特马尔发现了一些蛆虫并对其进行了收集，从而开始了一个意外的研究项目。在该地区生长的忍冬包括开乳白色花朵的莫氏忍冬（*Lonicera morrowii*），一种长在日本、韩国和中国部分地区的忍冬，以及来自阿富汗和巴基斯坦干燥山脉并开粉红色花朵的玫瑰忍冬（*Lonicera korolkowii*）。

和其他许多情形一样，这些重聚在一起的远缘物种在被引进后的 250 年里开始互相交换基因。虽然外来植物和它们的杂交种可能会被北美洲的人类居民定义为入侵性有害杂草，但是，当地的果蝇却很难被赶走。对于它们而言，忍冬象征着新的潜在栖息地。这些果蝇分别是北美蓝莓果蝇和北美雪果果蝇。

前者的蛆虫以北美蓝莓为食，而后者的蛆虫最喜欢啃食北美雪果。但是蓝莓果蝇不喜欢雪果，而雪果果蝇也会避开蓝莓（因此，正常情况下它们不会相遇和杂交），这两种土生土长的昆虫都准备去看看新引进的忍冬的浆果[23]。这似乎是两种果蝇相遇并交配的地方，基因分析显示，忍冬蛆虫是蓝莓果蝇和雪果果蝇的杂交种[24]。蓝莓果蝇和雪果果蝇的后代钟情于忍冬浆果，从此忍冬果蝇的王朝再未被动摇。迪特马尔简单的驻足休息使他发现了一个新的杂交物种：新的植物、新的机遇、新的昆虫物种。

杂交现象增加的第 2 个，也是更为普遍的原因是，人类将如此多的物种直接迁徙到世界各地，使它们与各自的远房亲戚发生接触。在苏格兰，红鹿正开始逐渐与外来的亚洲梅花鹿杂交，尤其是在雾气缭绕的金泰尔半岛，那里是苏格兰西海岸上突出的狭长海角[25]。1893 年，来自日本南部九州岛的 11 只梅花鹿被放生到卡拉代尔庄园，但是没过多久它们就逃走了。梅花鹿建立起了一个野生种群，其生活区域沿着半岛向高地蔓延，在那里，它们遇到了数目更多的红鹿。它们的杂交能力似乎令人惊讶，因为约在 600 万年前，亚洲鹿和苏格兰鹿拥有同一个祖先，这与人类和黑猩猩分离的时期差不多。尽管如此，人们认为这两种鹿交配成功的比例高达 1/500，且不算它们自己物种内的交配。这足以使它们的基因混合在一起。考虑到 120 年后的这种基因混合水平，绝大多数个体很可能最终会携带至少一部分起源于各个物种的基因。

这种杂交行为引起了环保团体的极大绝望。正如英国“非本地物种秘书处”的梅花鹿简介所言：“与本地品种红鹿……杂交是能育的……杂交行为……正威胁着红鹿和梅花鹿的基因完整性。”[26] 这里的措辞非常有趣，它们反映了一种古老的思想，即生命之树的分枝结构应该是完美的。人们认为，含有来自不同物种混合基因的个人和群体比不上“纯种”的亲本。虽然有些杂交种可以通过外貌被识别出来，但是猎场看守人却很难将有些物种与其亲本物种区分开来，且这部分物种数目不小。所以，从红鹿种群中去除所有梅花鹿基因并不比去除我们自己体内的尼安德特基因更切合实际。现实情况是，新的种群正在形成，这个种群包含红鹿和梅花鹿的基因混合体，以及少许美洲麋鹿的基因。这一新种群在未来很可能朝着新的方向进化。我很难理解为什么有人会将这种情况视为一种威胁。

在北美地区，尽管皮弗娄牛的故事细节大有不同，但也有人表达了类似的苦恼。这一切开始于 18 世纪的一场灾难，当时北美野牛与家牛之间发生了奇怪的交配，而这两个物种本身就是野生欧洲野牛的后代。它们的杂交后代并不理想，所以直到 19 世纪 80 年代，人们才认真尝试培育这两个物种的杂交种。人们的想法是要培育出比北美野牛更加温顺而又比家牛更加强壮的动物，这样牧场主便可以在野生北美野牛被赶尽杀绝后继续运作牧场。直到 20 世纪 60 年代，这些尝试也没有特别成功，但是野生北美野牛物种的数量在 19 世纪末期到 20 世纪初期减少到几百只，以至于即使是少量的杂交也可能留下痕迹。其结果就是，现在大部分美洲野牛种群中都至少含有一点家牛的基因[27]。

其中一个种群就正在科罗拉多大峡谷北侧的草地上大快朵颐，人们指责它们“破坏水资源、植被、土壤和考古遗址”[28]。关于它们是否应该因为其品种不纯而被宰杀的争论一直十分激烈，甚至引发了各种各样令人恐慌的头条新闻，比如“狡猾的皮弗娄牛群在大峡谷肆意游荡”“如何解决像皮弗娄牛一样的问题？”“皮弗娄牛的入侵给大峡谷带来了麻烦”“实验的失败品皮弗娄牛正野蛮地‘摧毁大峡谷’”“大峡谷：美洲野牛杂交种正在践踏……的圣地”“美洲野牛难题？让亚利桑那州的猎人们替你解决”等等。

美国国家公园管理局给出的官方回应是，采取措施将现有的 400 ～ 600 只强壮的牛群数量减少到 80 ～ 200 只，并“改善”它们的基因，这可能需要将“纯种”的雌性美洲野牛送到牛群中[29]。如果在景观中有许多美洲野牛体型大小的动物存在，植被肯定会发生变化，但是将这些变化归咎于动物杂交的天性似乎有些不公平。这些杂交后代看起来像美洲野牛，也正是美洲野牛的基因使它们在恶劣的环境中能够茁壮成长，而它们也正是因此而受到指责。

此外，有人提出当今的 50 万头美洲野牛（具有少许欧洲野牛的基因）产生的影响可能与 18 世纪在北美游荡的 3 000 万～ 6 000 万头野牛的威力相当，这一说法似乎完全不合理。另一点具有讽刺意味的是，人们刚刚发现，欧洲野牛起源于大约 12 万年前，是野生原牛和西伯利亚野牛的杂交种[30]。人们花费了大量的精力努力保护杂交的欧洲野牛。虽然环保主义者认为这种杂交发生在很久以前，并不值得担心，但是，以地球漫长的生命周期来衡量，这种“古老”的杂交或多或少可能与家牛和美洲野牛之间的现代杂交事件发生在同一时期。但是，人们对这两件事情的反应却截然不同。

每一种动物都应该是纯种的，这似乎是人们根深蒂固的观念。然而我们知道，实际上每个物种的每个个体在某种程度上可能都有杂交的痕迹潜伏在其基因中。这种对基因纯度的态度没有任何生物学意义，也不是管理地球的可行方式。我们通常认为不同生物之间的基因信息交换是清晰的，而杂交就是新基因形式的形成方式之一，并有着提高基因适应度的可能性。因此，这是地球生命在过去、现在和未来重要的一部分。人类能够或应该监管杂交现象的想法是十分可笑的。

新种群、新种族和新生物因人类而快速诞生

这些新关系不同于地球以往历史中的那些。导致恐龙灭绝的大爆炸和其后5亿年里发生的4次大灭绝事件并没有在数百年到数千年的时间跨度里把大量的幸存者送到地球各处。不同地区被聚到一起的物种数目是不一样的。各地最相似的是，大陆发生碰撞时会造成大量物种的灭绝和多样化。然而，南、北美洲的生物融合是在几百万年时间而并非几百年时间里发生的。泛大陆从曾经分开的大陆直到连接在一起大约花费了1亿年的时间。即使当世界上的陆地形成了整个大陆，物种关系也不会像现在这般密切。

泛大陆的面积是当今所有大陆的总和，所以移动的距离是有限的，正如许多物种直到最近都无法从欧亚大陆的这端移动到那端、从北美洲的东海岸移动到西海岸，或者是从澳大利亚的东边移动到西边。如今我们甚至把物种运送到遥远的海洋岛，当泛大陆存在之时，这些岛屿仍然是孤立的。考虑到人类纪时代发生物种联系的地理距离和速度，自从多细胞生命形式统治陆地以来，从没有这样的先例[31]。我发现，我们很难想象地球上陆地生命的整个历史中有这

样一个阶段：由于到达新地点并开始进行分化的种群的综合影响，新的进化谱系的起源速度本可以更快，而原始居民逐渐适应了到来的新物种，这些物种在新栖息地和新地理位置首次相遇后，新的杂交种便出现了。

这令我们再次回顾新物种形成的速度。在过去的 300 年间，英国出现了更多新的杂交植物物种，其数目比整个欧洲的灭绝物种数量还要多；欧洲的受害者之一便是一种紫罗兰，它与其他的欧洲紫罗兰物种亲缘关系密切[32]。当然，我很遗憾看到这个物种的消亡。在北美，新杂交种形成的新植物物种（如美洲婆罗门参）的数量也要比灭绝的植物物种更多。

19 世纪初期，佐治亚州阿尔塔马哈河两岸的富兰克林树消失了；这种树开着山茶花般的乳白色花朵，下垂的树叶在秋天会变成火红色。这似乎是国际自然保护联盟（IUCN）列出的唯一在美国本土野外灭绝的高等植物。这真令人遗憾，但人们仍然可以买到这种植物的种子、获得插枝或者订购盆栽植物。它实际上并没有灭绝。它只是放弃了阿尔塔马哈河，转而选择了新的栖息地——郊区的花园和公园。国际自然保护联盟的名单可能并不完整[33]，但事实情况和欧洲一样，当前北美大陆上开花植物的新物种形成速度至少与物种灭绝速度相当。

考虑到我们并没有已存在的新物种的全部名单，我们应该谨慎并简明地得出结论：在欧洲和美国，植物的起源和灭绝速度大致相当。我并非对物种损失不以为意，尤其是某些地区正在开启新一轮的土地清理。在过去的 300 年里，从世界上消失的植物物种可能比我们新获得的植物物种更多，而消失的脊椎动物物种也比新形成的要多。但新的杂交动植物正在以前所未有的速度出现在地球上，并繁衍生息。

毫无疑问，人类时代是一个灭绝异常迅速的时代。我们应该为物种损失感到遗憾，但也同样应该为新物种的生成鼓掌。我们生活在一个新种群、新种族和新生物快速诞生的时代。最终，人类纪时代的生物革命肯定将代表新生物多样性的第 6 次生命起源。这可能是近 5 亿年里进化多样化加速最快的一段时间。

有些人可能会认为这些新物种是杂草和害虫，但这只是一种人类思维的反映，而不是这些新的生命形式的根本属性。所有的生命形式仅仅是基于它们各自的历史而存在，并利用它们可获得的资源存活下去。如果其中一些物种因人类的存在而繁荣发展，那就是人类的问题，而不是它们的问题。

约克千里光，20 世纪 70 年代末期出现在约克市的新杂交种。其诞生源于人们将其祖先带到英国，并为其提供了适宜生长的松动多石的土壤。

第四部分 人类纪公园

NHERITORS
OF THE EARTH

在我们开始本书的最后一部分之前，或许是时候来盘点正在发生的一些变化了。第四部分将概述我们对生物世界的态度以及保护策略。

本书的第一部分和第二部分阐述了野生世界的动态特性。大自然永远不会静止。虽然有些物种已经衰减或灭绝，但另外一些物种却生机勃勃，而且我们大多数人每天在周围看到的几乎所有物种，至少在某种程度上都是人类改造环境的受益者。我们与大型动物的接触使得许多物种灭绝，但我们驯化的家畜以及培育的植物现在已经广为流传，而幸存下来的最大的野生物种也在世界上的许多地区开始恢复生长。目前在用于集约化粮食生产的土地中，物种越来越少的现象尽管不可避免，但世界范围内的生物群却一直都具有非常强劲的恢复力。我们改变了世界的栖息地，大量物种已经适应了新的环境。

我们改变了大气层，因此也改变了气候，物种也因此而扩散到了新的地区。我们还会直接将物种运送到地球上的其他地方。最终结果就是，所有物种现在都生活在被人类改造过的环境中，并且全世界的所有物种中有相当一大部分比例也生活在新地方。这体现了动物、植物、微生物和您想提及的任何其他有机体的生物学收益。此外，新物种进入每个地区（即某个国家或岛屿）的整体结果，一直都在提高地球上该地区的生物多样性。

除了人类现在需要直接或间接地担负责任之外，这些动态变化与过去没有根本上的不同。物种生存地点的动态变化是它们在冰期得以幸存的方式。这就是物种现在的生存方式，如果我们希望维持全球生物资源，那么我们就不应该试图阻止生物学的变化。当我们面对未知的未来时，维持全球生物资源将是人类的明智策略，我将在第四部分中对此进行论证。

我确实主张，人类应当解决这些变化的根本原因：我们应该稳定，继而减少人口，使有害消耗的水平降到最低，以尽可能少破坏地球的方式来获得食物，尽量减少并尽可能回收人类产生的废弃物。我们还应该减少温室气体排放。但我们通常不应该试图终止生物界应对人类影响的方式，除非这些反应是立刻且明显有害的（我们当然想要控制影响新型人类疾病、作物害虫和困扰家畜的病原体）。生物学变化是地球生命的生存方式。在大多数情况下，针对抵达新的栖息地或地理位置的物种所做出的对抗都将以失败而告终，而且会适得其反。人类必须适应并且促成直接的改变，而不是试图将世界维持在原有的状态。

在更长久的时间维度中，生命的全部历史就是关于变化的记叙，其中包括不同类型生物的分布变化，以及生活在地球上的各种生物的演化变化，这正是我在本书第三部分中所讨论的内容。生命是进化的产物，进化是生命应对每个新挑战的方式。当世界发生改变时，就像人类的出现所带来的改变一样，生物就会发生变化。有些物种没有成功，但其他物种继续存活下来，并在下一轮进化竞赛中扮演着重要角色。它还涉及每个物种的每个种群内部的进化、物种到达新地点时的进化以及不同的亲缘物种相遇时发生的杂交。随着人类改变栖息地并将物种运输到世界各地，这些生物复兴的过程已经被加速到了前所未有的水平。在过去的 1 万年或更长时间里，地球上正在发生一场大规模的进化起源，并且演化变化的速度仍在加快。地球上的生命因变化而存活下来。

人类时代的生态变化与演化变化的必然性令我们回到了生命的起点。生命的基本过程就是信息的传递，这些信息以化学的方式编码在我们的 DNA 中，用于构建每个连续世代的身体。随着时间的推移，频频出错的信息传递导致了地球生命的多样化，其中既有收获（新类型的产生）又有损失（某些类型的消失）。这种客观公正的过程意味着，我们对这些得失所能做出的唯一价值判断依据就是人类个体及人类社会本身。

正因如此，我们需要仔细考虑人性与自然之间的关系。作为第 10 章的主题，我将在这章内容中论述人类应该由衷接受我们与自然是“一体”的事实。我们是大自然的一部分。在理清了这种关系后，我们就能对自然运化和环境保护采取更为积极的态度，这也是第 11 章的主题。我们可以把世界看作一座生物公园，一座人类纪公园，而我们自己既是公园的看护者，又是公园中的居住者。无论好坏，这就是我们所栖居的世界。

第 10 章

人类令大自然“不太自然”了吗?

黑猩猩与人类拥有同一个曾曾曾曾祖父母

奥斯卡·王尔德（Oscar Wilde）总是得意于自己的另类，但当他将大自然摒弃为“未经烹煮的鸟儿飞来飞去的地方”并解释道“如果大自然令人舒适，那么人类永远都不会发明建筑”时，他只是在表达 19 世纪的普遍看法。他喜欢嘲弄在周末回归乡野的都市人。尽管如此，这些都市人对自然与人类的观点仍与王尔德如出一辙。唯一的区别在于，王尔德希望逃离大自然，而他们想逃往大自然。透过这些妙语，王尔德想表达的是一种社会规范。对于大多数相信神灵的人来说，大自然与人类之间的差别是上帝给予的分离，而那些无神论者也广泛认可“天人相分”这种观点。

人类与大自然分离的说法一直延续至今[1]，尽管达尔文和华莱士在 150 多年前发表进化论时，王尔德还是个小孩[2]。例如，在英语这种语言中，“谁”（who）仅指代人类，但在提到动物和植物时却要用“哪个 / 哪些”（which/that），就好像它们是石头一样。冒险节目和野生动物纪录片也经常以理想化的方式来展示与人隔绝的大自然[3]。自然保护通常指的是人类为大自然做“好事”的活动，而其他活动则往往持有更加功利性的观点，将大自然视为某种对人类有益的“存在”。科学家通常将人类的影响看作是变化的外在驱动因素，而非系统的组成部分。这种人类与大自然分离的观点也深度渗透到科学和新闻写作中，甚至地球的自然史都被描绘成某种非自然史[4]。然而，客观地说，我们知道人类物种是自然进化而来，因此人类一定是天然存在的。我们是大自然的一部分。理解了这一点后，“人类令大自然不太自然”的观点相当于在说“大自然令大自然不太自然”。这根本不符合逻辑。

回顾过去。霸王龙和其他大型恐龙所经历的灭顶之灾的不同寻常之处在于，这一事件起源于太空；而地球历史上的大多数大规模物种灭绝似乎都是由地球系统本身的内部自然变化所引起的——有些是地质学变化，有些是生物学变化。当这些灾难性的地质事件所造就的环境条件超出了大多数现存物种的容忍度时[5]，熔岩的大量流出、改变大陆位置的气候变化以及海洋中氧气的消耗导致了大规模的物种灭绝。

当全新的生物类型进化形成时，地球上又出现了其他的灭绝事件。20亿年前，可以从阳光中捕获能量的光合蓝藻的进化最终导致了大量游离氧的产生，而这些氧气使得大气和海洋对地球上的大多数栖息者产生了毒害。这一生物学事件为多细胞生命形态开辟了新的进化机会，后者便形成了基于氧气的新陈代谢。如果没有氧气，蟋蟀、螃蟹、墨鱼、鳕鱼、凯门鳄、乌鸦和猎豹都不可能出现。

如今，地球系统内出现的前所未有的进化事件再次推动了灭绝速度的急剧增加：一种异常聪明且具有语言能力的灵长类动物兴起了。在大约700万年前，人类的前身是非洲的灵长类动物[6]。这种聪明且善于交际的类人猿主要生活在地面，但也能爬树获取食物，并且能够使用少量的基本工具。如果我们看到这种动物的活标本，我们会一致认为它并不是人类，而是自然界的一部分。但它在不断地进化。

我们可以推测，这种类人猿有两个以上的种群发生了分离，生活在气候、植被和食物供应均有所不同的一些非洲地区。这些种群可能已经发生了分化，使得每个地区的类人猿不再具有完全相同的行为和物理属性，就像我们如今可以辨识来自世界不同地区的人类一样。经过足够久的时间后，这些分离的种群最终会分裂成两个或更多个近缘物种，尽管它们仍然会经常发生杂交。但到此时，我们仍然认为它们不属于人类，它们是自然生物系统的一部分。

许多新的类人猿随之出现，但其中只有两个分支幸存至今，一支成为在陆地上生活的人类，而另一支则成为适应了森林的黑猩猩和倭黑猩猩（我们与其他类人猿的共同祖先可以追溯到更早期），后者进化出了细长的手指，而且它们在树林中的悬挂能力越来越强[7]。人类自己这一支走出树林、用后腿奔跑、失去体毛、生活在复杂的社会群体中、增大了大脑、开发出更加复杂的工具、控制了火并习得了复杂的交流方法。这些进化和文化发展转而导致了过去几千年来社会创新的迅猛发展，包括我们使用复杂语言的能力、驯化动植物和建设城市的能力以及我们发展宗教、独裁、君主制、民主制、官僚机构、贸易网络及其他合作系统并逐步扩大规模的能力。

当我们思忖生物学以及人类对地球的影响时，毫无疑问地说，智人（*Homo sapiens*）是一种极不寻常的动物。但是，在这种不间断的世代形成过程中，人类究竟从何时开始不再属于自然的一部分，以及人类对世界其余部分的影响从何时起变得不再自然？从科学和哲学角度来看，我们都没有正当理由将这种类人猿到人类的动物连续体分割成两个性质完全不同的类别。进化发生的时间极其长久，以至于现在的人类可被识别为人类，而黑猩猩可被识别为黑猩猩。但是，我们在诸多方面仍然非常相似，我们拥有同一个曾曾曾曾（再加上 25 万个“曾”）祖父母。黑猩猩在衰老的过程中也会长出白头发、发际线后退，它们也生活在复杂的社会群体中，有时用后腿奔跑，拥有极大的大脑并且能够使用工具。它们之间的交流足以传递文化信息、进行群体狩猎并组织类似于黑猩猩社区之间的战争。

我的现代人类祖先与尼安德特人交配，进化出了成年后消化牛奶的能力并形成了粉红色的皮肤。苍白的皮肤使得女性能够产生足够的维生素 D 来供养孩子在孕期的生长，并在北方黑暗的冬季里分泌出乳汁。欧洲种群逐渐从埃塞俄比亚祖先种群中分离出来。我们在生活在非洲以外的人类种群间所看到的差异在过去 6 万 ~ 10 万年间，或者是 2 500 ~ 4 000 代（人类和黑猩猩隔离时间的 1% ~ 2%）就已经出现了，这正是新型基因突变、偏好某些突变的自然选择、持续的迁移以及与已居住在欧亚大陆的其他人类类型发生某种程度的杂交的综合作用结果。

常规的自然进化过程正在发生。也许在 100 万年后，人类可能已经进化成许多不同的物种并扩散到了世界各地，就像早期的人属（*Homo*）在印度尼西亚的弗洛勒斯岛上演变成一种独特的矮小人种一样；这种矮人一直在此生活，直到大约 5 万年前灭绝。要不是因为近期发生的世界范围内的人类迁移，不同的人类物种分离本可能就是我们的命运，而迁移的结果则是全世界的人类基因最终回到了盘古大陆的同一个大熔炉中。人类正在开始新的进化之旅。

人类由类人猿进化而来（我们仍然属于类人猿），人类仍然在进化中，并且人类的进化是地球生命史中一次完美的自然事件——这都是确凿且毋庸置疑的科学事实。于是，人类得以战胜大多数疾病，没有让这些疾病限制种群的发展；能够改造环境，这令我们能够在大多数陆地上生存；能够霸占世界上越来越多的资源；还能摧毁猛犸象以及其他逼迫其逐渐灭亡的大型野兽。

由于人类的进化，粗放农业景观以及奥斯卡·王尔德所赞赏的建筑和城市才得以存在，从而才有了麻雀、牛津千里光等生活在其中的物种的成功。这完全是自然发生的事情。我们运输到世界各地的物种的新分布也同样是自然发生的。这一切都是进化的间接产物。

在达尔文和华莱士发展出“危险的思想”之后的一个半世纪，我们仍然在不断地概念化人类与自然之间的隔离。这一事实意味着，在人类思考自然之时，一定有些非常根本的事物使人产生这种“他者”的感觉。而人类最根本的事物便是人类的进化。自然选择的进化首先促成了人类的出现，也正是进化使人类很难接受自己仅仅是自然世界一部分的事实。进化已经通过生物化学、电生理和遗传机制组成的复杂系统对人类进行了程序设定，令我们爱护后代、配偶以及更为宽泛的家族，因为他们的安全以及后续的繁殖正是我们将基因传递给下一代的主要手段[8]。这种爱对我们来说是真实存在的，但事实上，人类的爱也有进化角度的原因。

我们还与其他部落成员合作并向他们学习，无论是在当地社区、体育团队、学校、工作场所、职业群体、年龄群体、宗教或国家范围，这都是为了人类能够生存、繁荣并将人类基因最终传递下去，即便是在选择不生育的个体中，这种进化过的种族意识也能得以保留。我们也与人类物种的其他成员进行社会、经济和物质战争，以保护每个人所认定的集体利益。其他人对于我们每个人而言都至关重要，因此，进化的简单结果就是你我对人类的响应要比对其他动植物的响应更为强烈，我们倾向于将人类与其他自然分开对待。

狮子、野牛和虎鲸也同样认为自己“独特”

人类自己的物种成员意味着我们潜在的配偶、后代、合作者和敌人。但这种独立和特殊的感觉并不是人类所独有的。出于完全相同的原因，非洲狮、美洲野牛和虎鲸也对其自身物种的其他成员具有强烈的反应。它们本身的物种成员也意味着潜在的配偶、后代、合作者和敌人。每个物种本身都是独一无二的，因为个体基因的存活都依赖于物种的发展。

这让我们对世界的理性、本能和文化的理解产生了认知冲突。我们的理性评估认为，物理学和化学的自然法则产生了一系列日益复杂的“进化了的”、自我延续的化学反应，我们称之为生命，而生命没有最终目的或预期未来。人类是其中的一部分。我们的本能或进化逻辑（通常通过文化得以加强）旨在确保我们通过保持安全、保护自己、成功繁殖、保护后代和亲属、帮助那些可能反过来帮助我们的人、与那些对我们而言有价值的人进行交换等行为来增殖人类的化学存在。大多数时候，这种内在或本能的逻辑会支配我们的思想和行为，因为这正是我们存在的原因。因此，现今大多数人类仍然将人类与大自然的其他组成部分区别开来，就毫不奇怪了。

人类对自己和他人的进化倾向在某种程度上使我们更容易发展出将人类与大自然分离开来的哲学体系，而很难意识到真理：即人类的进化完全是自然发生的，我们仍然是动物，我们对世界上其他组成成分所做的一切都是很自然的事情。我们可能对于因人类存在而造成的一些变化而感到不愉快，但它们仍然是自然发生的事情。

人类发生着自然进化，而且显而易见的是，人类的出现并没有违背物理学、化学和生物学的定律，我们只是将其用于自己的目的。想想那些可能让人类认为自己所造成的影响并不自然的变化。是的，人类促使了许多体型极大的陆地动物的灭绝，但这不新鲜。早在人类出现之前，许多大型动物在北美洲和南美洲相触时就灭绝了。事实上，过去 5 亿年里的大规模灭绝事件通常会消灭体型最大的物种。

这些人类造成的灭绝只是我们作为生态学捕食者的结果。

接下来是运输。最近一段时间，人类加速了植物种子和动物在世界各地移动的速度，但我们并没有发明长途旅行。建造飞机完全是件新鲜事，但飞行却由来已久；我们只是第一种开发出物理工具并借此进行飞行的动物而已（除非有人认为小毛虫和蜘蛛悬挂在丝线上并借助风力进行移动也算是飞行）。早在 5 000 万年前，飞禽就已经开始传播种子、螨虫和疾病了。与此类似的是船只和车辆大大增加了物种在世界不同地区之间移动的速度，但我们并没有发明游泳。请记住，陆龟可以通过抓住漂浮的植被到达科隆群岛（加拉帕戈斯群岛）。在陆地上，植物种子的传播曾经由象群介导，而现在则通过人类、车辆以及园艺贸易来实现。为什么一种哺乳动物（大象）的传播就要比另一种动物（人类）的传播更加自然？人类也只是充当了其他动物和植物的传播媒介罢了，这是一种完全自然的过程。

人类改变气候的结果是物种的地理分布范围逐渐转向两极和高海拔地区。同样，这并不是新鲜事。以前每一次气候发生变化时（由于物理学和生物学原因），地球上的物种都会迁移。最后，我们改造了这片土地。在巨犀出现之前，恐龙能够很有效地改变栖息地，之后便是大象登场，而它们最终都被人类所取代，人类才是现在的主要干扰媒介。

当人类在耕地中收获小麦和玉米时，我们的活动与剪叶蚁并没有本质上的不同。这些神奇的昆虫采集叶子，并在地下的巢穴中种植真菌作物，然后收获营养丰富的真菌生长物以喂养它们正在发育的幼虫。当我们喝牛奶时，这种行为与另一些蚂蚁饮用黑蚜虫营养丰富并含糖的分泌物不相上下，它们就像微型牧羊人一样照料着这些黑蚜虫。当我们建造棚屋、住宅和水坝时，海狸也做着同样的事情。

当我们使用新型遗传技术将基因从一个物种转移到另一个物种

的时候，这种手段只不过是先前通过杂交、微生物和病毒寄生虫完成的基因转移的扩展。我们只是将这些事情提升到了新的水平。当然，我们使用的许多特定材料是全新的，我们的工具和通信系统的复杂程度都无与伦比，但我们还没有发明全新的生物过程。即使我们将来能够做到，那也不过是人类先前自然进化的结果。

所有这些数量上的（并非性质上的）变化导致了一种新的自然世界秩序的形成，其中形形色色的种群和物种都生活在它们以前不曾居住过的地方。无论是生活在我们床铺上的尘螨、微生物，还是附着在塑料碎片上在全世界的海洋中漂流的浮游无脊椎动物，新的生物群落都已经产生。各种各样的植物、无脊椎动物甚至脊椎动物都在城市里生活和进化着[9]，我们也种植了人工林以获取木材。欧洲植物正在北美洲和南美洲的大片地区生长，这多亏人类将它们搬到了那里，而且它们也无法被遣返。

因为人类导致气候变暖，马来西亚沙巴州神圣的基纳巴卢山防护林深处的蛾类已经在向高处移动，而偏远的珊瑚礁也因温度升高和海水酸度增加而正在发生着变化。生长在亚马孙丛林深处的林木已经失去了以此为食的最大型的哺乳动物，由此而导致的大气中二氧化碳含量的增加也从生理上加大了对气候的改变。人类影响的痕迹无处不在，但生态和进化的自然过程仍然体现在每件案例中。从生物学角度来看，个体有出生、有死亡，种群有增长、有衰退，进化一直在发生。这些都是普通、自然的过程。为什么我们认为这些经过人为改变的新型生态系统与仍然在发生的生态和进化过程相比，就没那么自然呢？

“在世界上，所有关于物种和基因的特定组合都是全新的，但正在发生的基本生物学过程都与之前一样。”当我在这句话中描述世界的现状时，我对其进行强调是因为我可以用相同的词来描述过去所有的环境变化时期。它同样适用于过去 100 万年来世界气候中发生的大约 20 次大波动中的任意一次。换句话说，我们可以用完全相同的术语描述人类和非人类的影响。物种一直在迁移和进化，无论什么原因、无论环境何时发生变化，物种都会极其迅速地发生变化。

接受生态和进化的变化就是大自然运作的方式，这意味着我们必须将生命视为一个永无止息的事件序列，而不是将其视为如今看起来如何的单一固定形象。这种对地球生命的动态观点使我们能够撇下大部分预示灭亡的辞藻，并认识到我们在周围所看到的变化（包括那些由人类直接或间接策划的变化）与以前所发生的变化相比，从根本上并没有变得更好或更差。它们只是有所不同。无论这些物种现在生存在哪里，我们都可以享受并利用它们，感激当前存在的新人类纪物种，并且只尝试修复我们作为人类真正认为需要修复的东西。我们不必仅仅因为这些物种发生了变化就去修复它们。

切尔诺贝利核灾难下的“失落之城”

无论如何，我们都没有必要为不可挽回的损失而感到难过。人类和非人类对每个生态系统的贡献已经不可分割。当前的现实情况是，我们可以尝试保护世界“自然”物种免受进一步损失的地方，只不过是这个世界被人类改变过的一小片地方。即使人类立刻从地球表面消失，地球也不会恢复到曾经的状态。

站在曾经的16层公寓的楼顶平台上，我开始产生恐高的刺痛感。我走近毫无防护措施的平台边缘，这里是可以看到乌克兰小镇普里皮亚季的一处有利位置。雨燕，这种有羽毛恐龙的后代，在空中盘旋着，在废弃建筑物的缝隙中筑巢。酒店、学校、医院和摩天轮的顶部探出了这片“森林景观”，这里就是切尔诺贝利核事故的遗迹。此外，一座闪闪发光的全新钢筋混凝土石棺停放在那里，准备将切尔诺贝利4号核反应堆封存起来。普里皮亚季的例子告诉了我们，人类的影响究竟可以有多短暂。

在切尔诺贝利于 1986 年 4 月 26 日遭遇可怕的核灾难的 30 年后，普里皮亚季已经是一座“失落之城”。这是一块人们已经被迫搬迁的土地。参观的游客队伍不时出现，呆呆地注视着建筑物的外壳，并对着专门摆放在这里的儿童物品拍下几张照片。这里还有安全人员和成千上万的工人，他们仍然遵守辐射限制进行着轮班劳作，封存曾经的核反应堆。

除此之外，少量年迈的农民已经回到小农场度过余生。这里并非完全无人居住，但也近似于无人。小镇上还有一些存在辐射热点的区域，特别是这场灾难的下风地区，但这些相当小范围的区域被嵌入了更为广泛的景观中：乌克兰边境 2 600 平方千米以及另一边白俄罗斯 2 165 平方千米的隔离区。90%以上的野生动物生活在人类已经迁出的地区。这片更广阔的景观是一扇窗，告诉我们如果人类离开后地球会发生什么。

当我头晕地站在公寓楼顶的边缘向外望去，这片禁区淹没在一片青翠的海洋中，其间偶有些人类的不朽遗迹。在距离泄漏的反应堆只有几千米的地方，猎鹰在废弃的冷却塔的壁架上抚育着雏鸟，它们尖利的呼啸声在空荡荡的巨大空间内回响着。

巨大而滑溜的鲶鱼吞噬着游客们抛入水渠的食物，而这条水渠是为了给冷却系统排水而挖掘的。由于禁止捕鱼，它们在这里可以充分发挥生命的潜力。红背伯劳有着钩状的喙，肩膀呈锈色，灰色的头部有着黑色条纹，它们飞下来捕捉蚱蜢、蜥蜴和小型啮齿动物，并将猎物串在多刺的灌木丛中。成功把猎物固定住后，这些鸟中刽子手便可将其撕成易于消化的碎块。

色彩斑斓的闪蛱蝶与棕黄色的大黄蜂推挤着争夺栎树上甜美的分泌物，这棵栎树标记出了一家废弃儿童保育院的入口，而儿童保育院已经湮没在埋葬一切的翠绿色树冠之下。这些景观已成为大量野猪、麋、鹿、熊和狼的家园，不过，它们在炎热的天气中隐伏了起来[10]。野生的杂交种欧洲野牛被放养在此地。黑鹳在我的头顶上盘旋着。

事件发生30年后，我们能从大部分景观中看出剔除人类活动的好处。对于一个漫不经心的观察者来说，大自然正在回归“原本”的面貌，尽管它并没有还原成人类出现以前的状态。杨树的直立园艺品种现在构成了普里皮亚季周围密集的人工林。它们穿透地面向上生长，幼苗从距地面有6层楼高的混凝土裂缝中冒了出来。此外还有入侵物种梣叶枫（一种北美枫树），也是一种蓬勃再生的植物。美国洋槐的吸盘在此前的市政园林中长成了棘手的丛林，遮挡住了运动场。

一系列外来植物以及欧洲植物正在令这片土地加速恢复成森林。来自东亚的貉在这些北美树下潜行。由于欧洲野马已经灭绝，尽管普氏野马来自中亚的草原和半沙漠，但保护主义者仍将这些濒临灭绝的动物放养在了这处奇怪的景观中。本有助于维持森林空地的丛林象和巨型海狸已经绝种，很久没有出现了，而这种空地应该很适合这些马儿。它们无法再回来了。

没有人类，我们会看到些什么？大气和气候已经被改变，也无法从世界其他地方得到缓冲。这块土地并没有恢复到人类存在以前的原始状态。从遥远的大陆引进的动物和植物将留在这里，并进化成美国和亚洲近缘物种的欧洲系后代[11]。这些是永久性的生物学收益，而我们在遥远的过去就已消灭的大型哺乳动物则是永久的损失。有些人可能会觉得这些事实属反常，但在这个景观中繁衍生息的所有物种都是完全天然的物种。现实情况就是，地球的未来因为人类的存在已经遭到永久性的改变。我们现在无法将其分割开来。

我们改变这个星球的时间太长，已经无法挽回了。人类逐渐加剧的影响已经在非洲发生了大约 200 万年，而在亚洲也发生了 100 万年之久了[12]。大约 4.6 万年前，澳大利亚原住民铲除了 2 吨重的巨型袋鼠以及它们的同族物种，还有半吨重的鸟类和 7 米长的爬行动物[13]，这就预示着全球性屠杀的到来。洞穴壁画描绘了我们与巨型兽类的相遇，有些巨兽已经灭绝，有些现在还活着。目前已知最早的动物绘画是一头猪，这幅 3.5 万年之久的图像在苏拉威西岛马洛斯市的一座洞穴中幸存下来。

野猪仍然在苏拉威西岛上生活着，但法国南部蓬达尔克洞穴中描绘的 3 万年前的阿尔代什鬣狗就没那么幸运了。居住在石灰岩峡谷中的人类祖先一定已经将它们消灭了，或者灭绝了鬣狗所捕食的动物。今天，我们认为鬣狗只存在于非洲，但在过去事实并非如此。欧洲犀牛也是这样，它们已经不在切尔诺贝利附近繁衍生息了。人类侵袭的浪潮继续消灭着亚洲各地的大型动物，继而是北美洲和南美洲。到 1 万年前，我们已经杀死了世界上大多数体型最大的陆地动物，而这要比人类建造城市或是开始书写文字要早得多。

这些事件的发生时机意味着，在最后一个冰期结束、气候变暖之时，体型最大的动物已接近灭绝，或者至少是正在灭绝。当气候变暖时，世界范围内的森林、草原、沙漠和苔原都会在地球表面迁移，但并没有带上这些巨兽。现代的大象可以改变植被，灭绝的动物也会这样做。如果没有灭绝，它们就会改变森林、稀树草原、草原、沼泽和苔原的结构，从而影响植物以及在其中繁殖生息的其他动物的类型。在最后一个冰期之后形成的新植被与人类纪世界之前的植被不同。它和过去所有的植被都不尽相同。

实质上，所有的陆地生态系统都已从根本上被人类改变了超过1万年[14]。在过去的几个世纪中，人类创新和冲击的大幅加速实际上正在改变人类祖先早在几千年前就已经改造过的世界。对哺乳动物和鸟类这两类动物来说，人类可以对其进行最好的（虽然也是最原始的）历史重建，而实际上它们在1 700年以前灭绝的物种至少是1 700年之后的两倍。我们无法想象近期事件正发生在曾经的原始世界里。世界已被人类改变得如此彻底，以至于无法再辨别出生态系统中被人类个别改变的那些部分了。

在如此长久的时间内，人类造成变化的普遍性[15]意味着与人类存在相关的生物学收益与损失一样普遍。然而，世界生态平衡的增益通常被视为一个问题，而非被看作自然适应环境变化的一种胜利。

人类离开地球后，会发生什么？

许多生态学家和环保主义者，特别是“入侵物种生物学家”的特殊群体，倾向于将物种生活地点的变化视为世界发展愈发不理想的证据[16]。他们对这个世界的转变感到遗憾。就好像这个世界有一种“应该存在”的状态，每个物种都该有自己的“正确”的位置。只可惜这种“应该”从不存在。自然刚好发生事件，而物种分布也发生了变化，没有哪段时期比其他时期拥有更多或更少的价值。无论喜不喜欢，这些生物学收益都不会消失，而且将来还会发生更多的变化。将这些变化看作非自然以及不可取的事件是一种短浅的世界观。

如果我们关心该如何使自然适应人类世界，我们就需要鼓励而不是抵制动态性。这就是地球物种在历次变化中幸存下来的原因。很多时候，我们都觉得大自然就像是一幅绘画大师的作品，一幅必须保持原貌的伟大作品。当我们感到大自然被损害时，我们便试图将它“恢复”到某个过去的状态，正如我们可能会尝试修复受损的杰作一样。为了恢复大自然，我们便会清除那些我们认为出现在错误地点的植物和动物。我们杀死成功物种，来保护失败物种。人类有时能实现自己的想法，但是考虑的区域范围越大、时间跨度越长，我们就越不能确保大自然的原样。但大自然本身不会失败。我们无非是在将地球回归到某个特定的浪漫主义愿景的斗争中失败而已。就像克努特一样，我们只是尝试了一个不切实际的挑战[17]。潮汐并未因克努特大帝而停止翻涌，生物学变化也不会因人类的存在而停止脚步。

我们可以把人类纪时代看作是地球生命的新起点，而不仅仅是原有势力的时间推移。这是地球的解放。当我们思忖未来时，“不变”并非选项之一：我们的选择仅在于未来变革的方向和速度。我们可以满怀激动与热情来期待未来的变化，而不仅仅是预感危险的发生。然而，这并不能让我们摆脱困境。我们完全有能力将地球变成一个对人类来说更糟糕的地方，也是对于大多数（但不是全部）其他生命来说更糟糕的地方。我们需要保持警惕。单单后悔事物已不复往昔，并且对世界的反常状态一味地发泄不满，这绝不是我们前进的方向。让我们做出能力范围内最好的选择，接受人类成为新自然世界秩序的一部分。

位于婆罗洲沙巴的一只年幼的红毛猩猩。人类和红毛猩猩已经自然进化了 50 万代。

前乌克兰小镇普里皮亚季，包括切尔诺贝利核反应堆及其背景中的新覆盖物。即使人类离开这片区域，它也不会恢复到人类存在以前的状态。

第 11 章

诺亚地球：我们是居住者更是守护者

“移民”后再次繁盛起来的蒙特利松

啜食暖和的杂烩汤，吞下鲍鱼，细细品味海鲜炖菜，再配上一瓶纳帕谷最棒的葡萄酒——享受着渔人码头的烹饪佳肴，谁又会在意海狮的腥臭味呢？在游历了位于蒙特利高处的一座奇特的小公园后，寒冷的一天终于结束在温暖的美食中。在旧金山居民数百万美元的房屋和退休公寓的环绕之中，这座公园里生长着一片蒙特利松树林。但是，这片松树中有一些看起来非常奇怪，明显有着橘黄色的叶子。也许是一处新的艺术装置？毕竟，这里是加州。松树波浪般翻滚的树冠之间夹杂着澳大利亚向全世界赠送的桉树的长叶，那上面似乎也挂满了橙黄色的树叶。然后，当太阳从地平线上升起时，树叶掀开后露出了上千只黑脉金斑蝶（美国最具标志性的蝴蝶，又称帝王蝶）[1]，一些蝴蝶扑扇着翅膀飞向地面，落成一层金色的地毯。

游客们要注意了，根据 1939 年颁布的一项城市法令，“以任何方式侵扰蝴蝶”都将受到 1 000 美元的罚款。移动脚步时一定要小心，以免踩到蝴蝶对其构成侵害。帝王蝶以数百万数量紧贴在墨西哥中部的冷杉林树枝上过冬而闻名，而落基山脉以西的帝王蝶则主要前往加州的海岸线越冬。位于灯塔大道 1073 号的帝王蝶保护区就是这样一处地方。蝴蝶们在这些树林提供的不太热（如果太热的话蝴蝶会在冬天不必要地用完脂肪储备）、不太冷（以免被寒冷天气冻坏）也不太干燥（以避免变得枯焦）的环境中耐心地等着冬天的离开。当内陆地区太热时，加速经过蒙特利湾的洋流会使此处凉爽下来，而当内陆地区寒冷时这里又能保持温暖。在海边打着盹消磨了整个冬季之后，这些蝴蝶将掉头返回喀斯喀特，穿过谢拉山脉和大盆地，在温暖的夏季里为它们的幼虫找乳草吃；然后，它们的子孙又回到加州度过接下来的那个冬天。

对蒙特利松树来说，这种吸引着帝王蝶和人类来到加州海岸的温和气候也是最为理想的，尽管这种松树的要求比蝴蝶更为挑剔。它们确实需要一定的湿度，但又要足够干燥才能偶尔令火灾在林冠间蔓延开来。火灾可以杀死成熟的树木，同时从树上被树脂密封的松树球果中释放出种子，开始下一代的生长。没有高温，种子就会一直被埋葬，就不会有新的幼苗。因此，火是这个生态系统的重要组成部分，它令蒙特利松树能够一代代生存繁衍。蒙特利郊区的本地房主并不希望自己的财产在火灾中化为一堆灰烬，因此森林燃起大火必然会遇到一定程度的阻力。松树种子就需要另一种逃生方法。地方当局正是从此处介入：他们收集松树球果、取出种子并有意将其种下，以建成下一代的树林，而不是将临近一带付之一炬。

尽管火灾难免会偶尔发生，但蒙特利松树并不喜欢太干燥的气候，因为这会导致火灾发生得太频繁。如果树木太小，还没有结出新的种皮就彻底烧焦，那么繁衍就会被中断。这种树木的消失将无法弥补。不太热、不太冷、不太湿也不太干，这种生活方式使其成为美国最珍贵的树种之一。它们生活在加州的一些沿海山丘以及临近墨西哥下加州海岸的瓜达卢佩岛和塞德罗斯岛。这些树木已经受到城市化、火灾抑制和油松溃疡病（由美国东南部引入的真菌性疾病）的威胁，而人为造成的气候变化现在可能将其推到灭绝的边缘。22 世纪可能就是蒙特利松树最后的欢呼。

在过去百万年的冰期和间歇性回暖时期，蒙特利松树一直都对气候十分敏感。在此期间，花粉被吹向大海，冲下加州圣克拉拉河的物质沉入了圣巴巴拉海盆的底部，被固定在海洋沉积层中。它在那里耐心地等待着，直到地质学家和生态学家租用船只横渡盆地，在沉积物中钻孔并拉起中心部分，然后计算每层土壤中的花粉粒，这令科学家们得以追踪树木丰度跟随该地区温度升高和下降所发生的变化。用美国林务局科研专家康妮·米拉（Connie Millar）的话来说："蒙特利松树在整个间冰期的丰度最低，此时栎树占据了沿海栖息地；而在冰川期的寒冷时期也很罕见，此时刺柏占主导地位"[2]。如今的问题在于，我们已经处于过于温暖的间冰期，树木极其稀少，而且气候还会变暖，这意味着气候会变得更不适合蒙特利松树的生长。在混凝土、溃疡病和如今气候变化的侵袭下，蒙特利松树可能会完全消失。

幸运的是，一些受到启发的，或许只是幸运的林业人员已经着手处理此事了。蒙特利松树，其学名为辐射松（*Pinus radiata*），早在 19 世纪 50 年代已被纳入在新西兰南岛坎特伯雷进行的树种试验[3]。这种树似乎一直向往澳大利亚与别处相反的天气。沐浴在南太平洋的水域里，新西兰温和的气候是这种敏感树种的理想选择。辐射松在新西兰的生长速度比在加州快了 7 倍；正如现在所知，辐射松已经成为新西兰的林业支柱，覆盖了约 1.8 万平方千米的种植园。这相当于新西兰林业近 90%的体量，其经济价值约占全国经济价值的 4%。

事实并不止于此。目前，辐射松占有智利约 95%的木材产量，同时也是澳大利亚种植木材的最大成分。它生长在阿根廷、肯尼亚、乌拉圭和南非，这些地方的气候都非常理想，以至于辐射松已经变成野生树种，侵入了草原、部分原生的凡波斯植被（非洲最南端独有的硬叶树木和灌木）以及山区的森林空地中。

多亏了林业工作者，蒙特利松树发现地球上还有很多可以生长的地方。这个曾经栖息在加州沿海悬崖上的物种已经成为全球“移民”，一种濒临灭绝的物种转而成为世界的继承者。在澳大利亚和新西兰，帝王蝶甚至也一起被引入当地，当然还有它们的幼虫要吃的乳草。虽然我们有理由对于北美帝王蝶在一些越冬地点的生存感到担忧，但这种蝴蝶本身就是世界上最成功的物种之一。它生活在美洲，多亏了我们人类，现在它已广泛分布在东南亚，太平洋、大西洋和印度洋许多岛屿，南欧以及澳大拉西亚。

与此同时，回到蒙特利，蓝桉树（*Eucalyptus globulus*）则走上了相反的旅程。蓝桉树最初仅存在于塔斯马尼亚岛和澳大利亚维多利亚州的最南端，但现在却向居住在帝王蝶保护区附近的人们发起了特别棘手的人类纪环保挑战。根据加州入侵植物委员会的说法，这种树正沿着海岸积极地再生，预示着火灾危险，并将会驱逐本地植物。它们是应该被驱逐的外地物种，还是非常适合加州沿海气候的迷人树种？这种矛盾进一步加剧，是因为与松针相比，蓝桉树的叶子较大，为帝王蝶在冬季的安居提供了良好的条件[4]。种植更多的蓝桉树可能是帮助保护北美地区最具代表性的蝴蝶的最好方法之一。

蓝桉树：我要向传统环保观发起挑战！

这与传统的环保思想相对立。澳大利亚的蓝桉树现在正在美国加州和夏威夷，以及埃塞俄比亚、南部非洲、摩洛哥、西班牙、葡萄牙、塞浦路斯和南欧其他地方，一直到格鲁吉亚的高加索地区蓬勃生长。

在澳大利亚孤立进化而来的巨型袋熊、塔斯马尼亚狼和对疾病敏感的青蛙，在面对欧洲和非洲恶毒的居民时通常会死去。蓝桉树却不然，它们在当今世界上除了南极洲以外的所有大陆板块上茁壮成长。

蒙特利松树和蓝桉树过去在世界上都仅仅存活在陆地表面范围很小的一片区域中，直到人类逐渐演化并将它们运送到其他地方。这说明了一些曾经的稀有物种对人类当前的重要性，我们可以推测，一些目前的稀有物种将来对我们也是很有价值的——尽管我们还不知道是哪一种。这两种树都可能受到人为造成的植被和气候变化的威胁[5]。然而，它们如今已经如此普遍，在可以预见的将来，这些物种都没有灭绝的风险。

蓝桉树似乎注定不仅要在人类时代生存下来，而且有可能在未来的数千万年，乃至数亿年中成为一种全球性的重要树型。新自然世界的森林将不再相同。环保主义者可能不喜欢这些新发现的物种的胜利[6]，但毫无疑问它们代表了以前稀有物种的成功。稀有物种变得常见，而常见物种变得稀有，这在过去的几个世纪中就已经发生了，而并不是人为造成的现象。在过去的200万年里，由于地球气候在冰川和温暖气候之间来回反复，这种情况一再发生。

黄嘴山鸦是一种活跃的亮黑色黄嘴乌鸦，如今在欧洲阿尔卑斯山脉和比利牛斯山脉的高海拔草地上翻飞盘旋，但它远在最后一个冰河时代曾经是低地的常见动物。我们得知这一点，是因为我们居住在洞穴中的祖先在光秃秃的冰期地貌中狩猎时没有把垃圾扔掉，2万年后考古学家通过仔细筛选后终于在其中发现了黄嘴山鸦的骨头[7]。这可能也适用于适应寒冷条件的其他许多山地植物和动物，它们在冰河时期要比如今更加常见，正如拉塞尔·库普研究的英国蜉金龟一样，这个物种现在只存在于比利牛斯山脉和中国西藏。

在 2 万年前寒冷和干燥的气候下，黄嘴山鸦和其他许多物种正在蓬勃繁育的时候，栎树、欧椴树、山毛榉和角树被从欧洲大草原上驱逐了出去，当时亚洲寒冷、空旷的大草原一直延伸到了欧洲。这些树木在避风的山谷和向阳的山坡上幸存下来，这主要是在巴尔干半岛诸国以及欧洲南部的意大利和伊比利亚半岛。这些树木在当时的分布范围很狭小，正如蒙特利松树以前也很少见，直到人类出现才将其传播到南半球。然而，这些欧洲林木幸存了下来，当地球在 1.1 万多年前开始升温时[8]，它们传播开来并在地球上繁衍生息。曾经稀有的树种在整个欧洲大陆上兴起，并成为主要植被：生长在马焦雷湖畔新森林中的林木，传播到了法国和西面的不列颠群岛，到达切尔诺贝利甚至更远的东方，并在北面的斯堪的纳维亚半岛站稳了脚跟。如果人类没有再次砍倒其中的大部分树木，本应覆盖大部分欧洲地区的由栎树、欧椴树和角树组成的夏季绿色森林，至少不会在现代人类殖民欧洲 3 万年之后才出现。

北半球其他广泛分布的树木情况也与之类似。例如，形成加拿大大型北方森林的针叶树，只有在最后一次大冰期结束、冰层退去后才得以迁入。当林业工人以及环保主义者提到欧洲野牛、野猪、啄木鸟以及睡鼠栖息的原始森林时，他们谈论的是我们的祖先曾经狩猎的草原。这些森林是原始的，只是因为我们居住在草原上的祖先的文化知识已经丢失，使得这些森林与最近几代人类存在时间相比显得古老而持久。那些人类祖先可能会因树木的到来而感到非常恼怒。这些树木从草原和如今的山地植物手中继承了这片较温暖的土地。

因此，我们作为人类从这些森林中获得的一切也已经在近期到来：追逐的野兽、收获的果实和栖息在森林的真菌。这些树木为我们提供了建造房屋和家具的木材；通过开垦大陆土壤并将其变成耕地为我们提供了食物，将粮食储存在木制的粮仓或谷仓中，并用木碗来盛这些食物；将饲养的家畜关在木制的马厩和栅栏中；用它们制造轮子、推车、犁和船舶；用它们生火取暖，烹饪食物。不那么光荣的是，它们还为人类提供了战争材料：可以阻挡敌人的木制钉子和堡垒、长矛和剑柄以及弓箭手的弓箭。

树木转化为木炭，不仅使人类祖先能够烹饪食物，而且使石器时代的人能够在7 000年前第一次开始冶炼铜。1 000年后，木炭被用来加热由铜、锡和砷炼成的合金，开始了青铜时代，又在随后的三四千年里进行钢铁的冶炼。多亏了木炭，多亏了木材，多亏了那些生长在巴尔干森林温暖的山坡上的稀有树种，铁器时代已经到来。人类舒适得很：在木屋里温暖的壁炉前，坐在森林动物皮毛覆盖的木制家具上，用木炭加热的窑烧制的陶碗吃着煮熟的肉和烤面包，生活是如此幸福温馨。如果足够富裕，我们就会用木炭吹制玻璃杯来喝酒。稀有的树木变得普遍，而后就诞生了我们的生活方式。

欧洲的林木欧椴树、山毛榉、角树和栎树，以及生长在蒙特利湾高处的辐射松和蓝桉树，都表明了曾经的稀有物种如何在其他时期变得普遍。大自然一直都是这样。大多数曾经在地球生态系统成为重要贡献者的物种，在其广泛扩散之前，都首先在一个相对局部的地区进行进化，然后随着环境的变化而发生数量上的变化。这些例子也说明稀有物种可以继续为人类带来巨大的经济和社会效益。我们的大部分碳水化合物都来自于由少数几种禾本科起源而来的植物，这些植物在人类到达之前仅存活在世界上的一小部分地区：玉米、大米、小麦的祖先都是如此。牛和猪并不是特别罕见，但远不如现在这样普遍和广泛；绵羊、山羊和鸡是生活在南亚不同地区的极普通的物种。它们现在为人类的生活提供了大多数肉蛋白，在人类生活的任何地方几乎都能找到这些动物。

从药物、杀虫剂、碳水化合物到蜂蜜、宠物、肉类、皮革……我们从其他不起眼的植物、微生物和动物中获得的美好事物简直不胜枚举。珍稀物种的成功并不是人类主动利用的物种特征。就像起源于亚洲的巴克特里亚家雀儿和家鼠一样，许多最初生活在一小部分地区的动物种类后来大规模地席卷全球。同样，过去生活在一些小山脉或沟壑中的欧洲药草，在人类将其运到北美部分地区后，现在已被广泛种植[9]。来自埃特纳火山的千里光属植物，被改造为牛津千里光后，现在分布在英国的每个城镇。

不同物种的普遍性和稀有性产生的巨大变化是整个生命史的特征之一。现在，随着人类不断地改变世界，我们再次见证着变化。一些稀有物种已经变得很常见，而世界濒危物种的名单则强调着那些日益罕见并且可能完全失传的物种。

以人为本的环保观与冷漠无情的环保观

当环境发生变化时，不同的物种难免会有盛衰，它们移居到新地点时也会进化出新的特征，这就导致如果人类试图将事物精确地，哪怕粗略地保持原样也终将失败。这种生物变化的动态观可能听起来像是投降主义，但事实上，人类正是在这种动态中诞生的。在人类出现之前，地球并未达到某种完美或最终的状态。生命是一个过程，而不是最终产物。因此，我们需要一种基于自然变化、以人为本的环保理念：部分是因为我们已经为世界带来了许多不可忽视的变化，部分是因为人类在自然地进化而我们也是自然系统的一部分。

这种理念有 4 项总体原则：

第 1 项原则是接受变化。偏离过去的状态并非全是“坏事”。我们必须认识到，地球上生命的多样性取决于物种增益与损失之间的平衡，损失最小化和收益最大化都是合理的。

第 2 项原则是保持未来变化的适应性。实现这一目标的方法不止一种，尽管这看起来有些矛盾，但我们可以做出的最重要的贡献就是，在合理范围内（我很快会讨论这个话题），拯救世界上现存的物种。我们可以将它们视为可能在未来变得十分常见的当前稀有物种，当新事件引发下一阶段的环境变化时，未来可能需要的备用物种。

第 3 项原则是，人类是地球系统中自然存在的事物，所以我们所做的任何事情也是生命进化史的自然组成部分。我们不妨大胆一些，使用人类所有可用的技术或其他策略来确保我们能将可使用的地球交给后代，而不用担心我们会让世界变得不那么自然。

第 4 项原则是人类仍然需要生活在地球上。我们知道，如果人类持续杀死动物的速度超过它们自身的繁殖速度，或者砍伐森林的速度超过它们的成长速度，那么我们就不能指望大自然的慷慨之举继续下去。

当我们的祖先迫使世界上大多数大型陆地动物灭绝时，这种策略就已经失败了；而在过去的几个世纪里，鲸和鱼类的数量由于过度捕捞已经暴跌，这种策略已经彻底枯竭了[10]。我们需要一种可恢复、可持续的方法。我们应该以实现最高效率为目标，我的意思是我们应该追求这样的战略，满足每个地球公民的基本生存需求，同时尽可能减少对全球环境的间接伤害。

接受并宣扬“有益”的变化；保持适应性；由于人类行为是自然的，所以可以使用任何可用的手段；在地球范围内生活——将这 4 项原则组成的环保理念转变为一致同意的实际战略和行动要困难得多，尤其是因为个体和社会的偏好总会有所不同。我将简单介绍一些可选项。

第 1 项原则是接受变化，因为这是生物世界在环境变化时产生响应的自然方式。接受变化与自由放任策略并不相同。相反，我们要考虑到潜在替代方案的利弊，知道“没有变化”并不是一种选择。这是为了尽可能有效且高效地推动世界朝着理想的方向前进。

有效通常意味着解决环境变化的内在原因是绝对优先的方案，比如在不引起气候变化的条件下发电，或者从陆地和海洋中尽可能小范围的区域中获得人类饮食中的蛋白质来源，而不是事后再修补世界。例如，一旦我们能够通过实验室培养生产价格低廉的动物肌肉，并从植物和真菌材料中生产人们真正喜欢的“肉类替代品”后，那么杀死活体动物以获得食物的行为可能就会在社会上变得无法接受。这种情况可能很快就会实现，我的意思是在 50 年到几个世纪之内。到那时，将更多土地转变为牧场的压力将大大降低。

如果起因无法矫正，那么我们需要有一个非常充分的理由开始对各种症状进行无限期的治理。我们需要能证明将不稳定的生态系统保持在当前状态或者拯救无法独立生存的物种是合理的行为。我们可能像目前的新西兰一样，因为各种文化和科学价值而决定努力保护不会飞的鸟类和爬行的蝙蝠[11]，但如果我们认为它们未能通过现代生活的生态和进化筛选，那么未来生物世界的轨迹就不会以某种重要方式被其改变。我们的目标应该是维持强健的生态系统（不同于现存或过去存在的生态系统）和物种，而不是保护不稳定的均衡。我们可以容许改变的发生。

目前，人类默认的立场就是将改变视为负面作用。世界各国都赞同人类对生物多样性的拯救，并签署了《生物多样性公约》的总体国际框架。在国际代表大会结束后，每个国家的代表都尽力在减缓国内生物多样性损失的速度。这需要每个国家查实已经拥有的物种列表[12]。损失的衡量应当有其对应标准，因此“目前”（或最近）我们提出了可以衡量未来变化的基线。这是合乎情理的。如果某个国家内有任何“本地”物种或是“自然”栖息地的减少，这种现象就会引发世界的关注。

《生物多样性公约》的签署非常有益，但物种和栖息地基线的设定以及分别对每个国家情况进行的趋势估算却已经产生了非常不利的副作用。当我们意识到动态性才是物种最终能够在历次环境变化中生存下来的根本原因时，全世界的人类已经形成了一种“没有变化就是最好的变化”的环保体系框架。通过将我们的评估纳入各个国家范围内的固定基线，所有变化（包括从其他国家引进新物种的增益）都代表着对当前设定基线的偏离。在我们的生物账户中，一个国家范围内的物种衰退被记录为负值，而这些物种迁移到另一个国家的情况却可能会被忽略，或者被视为负面影响（作为生物入侵者，公约也将其认定为生态问题），即使该物种的整体国际状态并没有发生改变。这完全讲不通。

在连续不断的时光推移中，我们很难理解某个特定的时刻为何就应该具有特殊的意义。为什么 20 世纪末、21 世纪初国际代表大会的举办之日就要优先于其他基线？为什么不回到 13 万年前，以一个没有人类的世界作为模型？这个时期是地球气候与如今相似的最近一次，也是现代人类在非洲出现并杀死大型动物之前的时期。一旦人们意识到在特定基线日期之前发生的每一个生态和进化收益被界定为可取的，而之后发生的所有收益可能是被摒弃、厌恶或遭到排斥的（同样，接受基线之前的损失，但不接受基线之后的损失），那么，我们就可以领会基线，或者此后存在的保护主义的基本缺陷了。将基线任意移动到距今更久的日期，那么更多的生物学收益都会被认为是不可取的。由于地球上的生命是一个动态过程，所以基于基线的论证都不合乎逻辑。

理解过去并从中汲取灵感是非常有帮助的，正如我在本书中多次提到的一样；但回到过去是不可能的，正如我们在已经废弃的切尔诺贝利核反应堆周围的废弃景观中所看到的一样。人类时代的许多生物学变化是永久性的。我们应该了解过去，但不应局限于其中。我们只能前进，这意味着我们要应对迁移到新地点的物种、这些物种的进化变异以及新物种的产生。

第 2 项原则是已知我们无法准确预测未来的情况下，为后代保持适应性。对我来说，想象我的后代在 150 年后所居住的世界并不比我的曾祖父母在 19 世纪 60 年代想象当今世界的变革更容易。我们怎样才能断定，政治、社会态度、建筑、运输、污染物、获取饮食的手段、生物医学产品、疾病、人造生命、人工智能、机器人、能源、武器系统以及各种未知的因素将在 22 世纪下半叶带来怎样的变化？我们也不知道我们和生物世界将如何应对这些变化。当我们考虑是否、何时以及如何有意干预以保护自然等问题时，这不禁令人陷入深思。尽管我们完全可以接受人类做出的短期决策能够为如今活着的人带来快乐、健康或者其他益处，但环保的基本理念之一就是我们应当为子孙后代充当自然世界的监护人。

任何以人为本的保护策略，都必须超越当今社会人类的直接，在我们所处的生物世界中维持各种机会。为了能够充分利用未来世界的生物潜力，我们应该让生物世界的各种组成部分都能存活下来。这里的“组成部分”，指的是即将构成未来生态系统的那些种群和物种。存在的物种种类越多，其中至少有一些物种在新条件下（无论是什么条件）繁衍生息的可能性就越大，并且也增加了新的进化性适应和杂交形式产生新属性的机会，从而为地球的生物过程做出贡献。这不是一种保护主义策略，而是一种具有复原能力和适应性的方法，它将推动未来的生物学变化。现有物种及其进化出的后代不仅会形成未来的生态系统，它们也将成为新发现的源泉。这就是新生物技术发展的速度，我们可能正在进入开发和使用活体动物、植物和微生物这些天然产品前所未有的增长期。如果我们关心地球上人类存活的长期环境，我们就不应该忽视今天不熟悉或罕见的物种。这些可能是人类此后几代人所依赖的物种，正如欧洲文明依赖曾经稀有的巴尔干半岛树木，以及我们现在正在利用以前罕见的蒙特利松树和蓝桉树一样。

使尽可能多的物种存活下来是一个极重要的挑战，特别是当我们意识到它们未来的幸存不一定取决于继续生活在它们目前茁壮生长的地方。例如，随着气候变化，可能有1/4的物种将成为气候逃难者，仅在其历史上分布的地区之外存活，几乎所有物种都将生活在一些新的地方。帮助物种前往这些新地点，即在减少全球物种损失的同时促进收益，可能成为21世纪下半叶环境保护的主要关注点。让它们在地球方舟的某个地方存活下来是人类所面临的挑战。这使我们的生物选择保持开放，即使我们无法确切知道每个物种将如何为未来的生态系统做出贡献，或者它们是否会改善未来人类世代的福祉。

第3项原则是，人类是地球系统中自然存在的事物，因此，我们所做的或没有做的一切事情，都是两足猿类发生进化的完美自然结果。我们可以用在旧思维中被定义为“不自然”的方式来进行干预。我们可以积极主动起来，而不要因为一切并非如常而感到遗憾。

我在婆罗洲丹浓谷森林下层林木中遇到的那只大象就是一个很好的例子。曾经可能生活在爪哇岛、如今已经灭绝的种群被引入后，婆罗洲岛屿现在保存了这种在基因上与印度象完全不同的种群。据我所知，没有人提议消灭它们——如果它们终究被证明“原产于”婆罗洲岛，那么环保主义者会认为它们的存在毫无疑问是有益的。

如果我们退后一步，那么这些大象是否属于“本土”物种的问题答案真的很重要吗？如果我们接受人类是新自然的一部分，那么我们便很难认为这些大象给世界带来了“不良变化”。这些动物持有的独特基因[13]延续下来，只因为它们从一个大象已经灭绝的岛屿运送到另一个大象成功存活下来的岛屿。基因和物种一样，它们因为掌握了动态世界的变化才得以存续。由于人类是自然系统的一部分，所以婆罗洲如今存在的大象也是自然的，不管它们在该地区的历史有多短暂或多长久。没有任何迹象表明它们正在逼迫婆罗洲的其他物种走向灭绝，而且它们的存在可能是有益的：为甲壳虫提供粪便，对植物造成小规模的干扰以利于其再生，以及为豆娘提供可供繁殖的充满水的脚印。确实，拥有大象的森林与没有大象的森林有所不同，但物种收益与损失的净余额不一定会记在借方的账户上。

这个世界充满了这样的意外事件。成千上万种被运输到新地点的植物和动物在新地区建立起种群，它们一次又一次地证明了物种可能在其历史上分布范围之外的地区繁茂地生长。在这种情况下，这些物种通常会增加生活在每个地区的物种总数，它们开始演变成不同的形态，间或杂交并产生新的物种。最终，它们将增加地球上生命的多样性。除非有人将变化列为损失的同义词，否则这些事件本质上并不糟糕，那么为什么不在环境保护中使用类似的方法呢？将濒危物种运到它们能够摆脱灭绝、走向成功的地方，就像在其他种群或物种中融入的新基因一样。例如，极度濒危的黄顶凤头鹦鹉在中国香港作为引进种群正欣欣向荣，而在其家乡印度尼西亚则继续衰落下去[14]。自然界本有着无数的机会，但环保领域很少赞同这种想法。人们担心这类项目会招致更多变化，但无论我们做什么，变化都会发生。总之，既然世界上将要产生新的生物群落，其中为什么不该含有少许稀有物种，而不仅仅是那些凭一己之力就能遍布全球的广幅种呢？

该领域的一位思想者、来自“高级保护战略”组织的乔希·唐兰（Josh Donlan）已经为北美地区乃至全世界提出了美好愿景。他想要创造包含大型野生动物的大型野生空间。这其实是一种传统观点。非传统的部分就是从加州拉布雷亚沥青坑中识别沥青中保存下来的动物的生态学亲缘物种，并将其引进北美地区。乳齿象、美洲驼和美洲狮可能已经很难引进，但我们总可以用东半球的大象、南美地区的美洲驼和非洲的狮子取而代之[15]。美洲狮曾经在这片平原上繁衍生息，因为现在没有快速奔跑的美洲狮的原始近亲，我们可以引进猎豹来追捕当地的叉角羚。唐兰及其同事已经提出，将这些动物投放在野外将会改善北美植物的前景，这些植物是在大型食草动物的存在下进化而来的。如果大型动物回归，植物有望繁育得更好，所有以这些植物为食的本地昆虫也能成功地繁衍，以昆虫为食的蜥蜴和鸟类也会相应旺盛地成长。

这是个有趣的想法，但也许不幸的是，这个想法的创始人将这个提议称为“更新世的再野生化”。更新世是指包括过去 180 万年间零星的冰河期（直到 11 700 年前为止）在内的地质时期，因此这也意味着回到过去。相对于野生，再野生化直接让人联想到我们正回到更原始的过去，回到一个更古老的基线，而不是从一个新的方向开始。无论发生什么，许多不同的物种无论如何被放归自然，它们都无法复制过去，因为北美植被已在人类存在和灭绝动物不存在的情况下发展了 1 万年，同时替代动物并不是与已经灭绝的物种完全相同的物种。巨大的地獭和剑齿虎都没有可供投放的现代替代物种。

欧洲的情况也大致相同。21世纪的欧洲缺少犀牛、河马和大象，因为人类祖先杀死了它们。我们可以放归它们最亲缘的物种：地中海灌木丛可以成为非洲黑犀牛的庇护所；来自印度、尼泊尔的巨大的单角犀牛和非洲河马可以在法国卡马格湿地中在白马和黑公牛旁边找到安全感。这种投放也非常有趣，但欧洲并不会恢复曾经的样子。过去已经不在，谁能说欧洲、北美洲或是世界其他地方的引入物种的国际性混合对未来产生的影响，与野生羊、牛、驴和马所带来的影响有根本上的不同呢？不过，这很值得探索。这些想法的最大贡献，是将我们的志向扩展到了传统的环保策略之外，而传统的环保理念有时候会显得冷漠无情。我们可以考虑建造新的生态系统和生物群落，受到历史的启发，但又不囿于它。

关于此类建议的辩论往往集中在三个令人关切的领域。这种行为自然吗？正如我已经讨论过的，这个问题的答案是肯定的。这切实可行吗？其中不可避免地存在巨大的挑战，在北美地区引进狮子的立法障碍可能会相当难以应对。然而，这种做法在某些地方是实用的，至少在有足够围栏的私人牧场上是实用的，尽管这违反了发起者更宏伟、更野性的景观意愿。这对美国的生物多样性是好还是坏？最后一个问题显然无法回答。世界上未来可能呈现出的任何状态都不会从根本上比人类存在以前的大自然更好或者更坏。二者只是不同而已。

因此，我们需要将“更好”定义为人类的偏好。不幸的是，我们并没有就“更好”的定义达成共识。如果你接受我的论点，认为我们应该尽量减少灭绝物种的数量，因为有些物种可能在未来变得极其重要，那么在欧洲引进释放犀牛物种的案例中，“更好”可不是欧洲生态系统中希望有犀牛在那里瞎折腾，而是由于放牧和吃草能使一些地中海植物和昆虫免于灭绝。尽管事情的发展可以通过实验来确定，但不管怎样，现在我们并没有证据。更实际的益处在于犀牛在其他地方已经濒临灭绝。正如爪哇大象因为被运到婆罗洲而幸存下来一样，我们也可以阻止犀牛的灭绝。但如果这个逻辑是对的，我们为什么要止步于此？如果黑犀牛值得拯救，我们为什么不拯救猛犸象呢？

毛猛犸象：复活生物学的下一个大奖

“去灭绝”或者“复活生物学”这一术语越来越多地被科学家和环保主义者用来准确地描述这种尝试，即最近这些积极、狂热的行动，以及更多新颖的见解。如果目前稀有的动植物可能在未来变得更加丰富和广泛，为什么这种特权不能扩展到最近已经灭绝的物种？到目前为止，人们已经认真地尝试了复活灭绝的比利牛斯山羊（一种西班牙野山羊的亚种），尽管并没有成功。来自世上最后一只雌性山羊西莉亚的遗传物质被注入一只家羊的卵细胞，接受刺激并开始生长，然后植入一只代孕山羊妈妈体内。然而，尽管进行了许多尝试，但所有胚胎都在出生前死亡，只有一只肺部畸形的小山羊在出生几分钟后死去。即使我们理论上可以造出西莉亚二世，但由于缺少雄性比利牛斯山羊，所以我们距离重建可生育的种群还有很长的路要走。世界上还有其他的西班牙野山羊亚种，也许让西莉亚安息并释放其他种类的野山羊更加简单。

从婆罗洲大象和唐兰的想法中汲取灵感，将其与在诺亚地球上拯救尽可能多的不同物种的策略相结合，我们能够想到一种更具冒险性的策略，那就是释放具有高度亲缘性且高度濒危的瓦利亚野山羊，这种山羊在埃塞俄比亚山区只剩下约500只的种群。这将会对全球保护做出更大的贡献。

复活生物学的下一个“大奖”是毛猛犸象。一些研究小组正在试图通过克隆永久冻土层中保存的基因，或通过将类猛犸象的基因（这些基因决定了猛犸象的外观和特殊生理属性）克隆到亚洲象中来创造嵌合的“猛犸大象”，从而将猛犸象复活。我非常期待看到这种动物；但是我们不应该自欺欺人地认为“猛犸大象”就是猛犸象。它们是在实验室中制造出的混血——尽管我个人对此没有任何质疑。如果我们可以保护这些动物不受人类陷阱和枪支的影响，并消除象牙贸易，那么猛犸大象就没有理由不能“期待”在长久的未来中获得进化的成功。如果我们希望为那些在过去的5万年中已经灭绝的其他177种大型哺乳动物中的任何一种类似的动物注入生命，那么将不同物种的基因结合在一起可能也会起到作用。这些已经灭绝的哺乳动物的古DNA比猛犸象基因的受损程度要大得多。带有一些家牛基因的野牛迅速恢复了生机。如果美洲驼的基因可以从某个地方挖出来并拼接到亚洲骆驼中，我们为什么不能复活类似美洲驼的动物呢？

如果真的发生这种情况，并且我们决心至少复活几个已灭绝的物种，那么这些拼接在一起的生物将代表可能或者不可能获得成功的新杂交体，这些也是生物学的收益。就这一点来说，它们将类似于在人类纪中产生的其他杂交种，例如大获成功的忍冬果蝇、意大利麻雀和牛津千里光草，又或是在诞生后的几十年里仍濒临灭绝的约克千里光。出于各种意图和目的，我们将创造新的杂交物种。这将是一个有趣的先例。虽然我们已经多次杂交家畜以及用于农业的农作物，但如果我们刻意创造新的杂交种然后将其放归到野外，人类就将迈出新的一步。

这导致了下一个问题。为什么我们要在其中一个亲本物种刚好要灭绝时才这样做呢？如果要从一种现存物种（印度象）和一个灭绝物种（猛犸象）中造出“猛犸大象”，为什么不从两个或更多的物种中造出新物种？如果我们的目的是让美洲驼和骆驼的近亲在大盆地闲逛，而对于这些在北美地区独一无二的动物来说，我认为与其把美洲驼基因插入骆驼或骆马，还不如建立一群骆驼与南美美洲驼（野生美洲驼的驯养亲缘物种）的杂交骆驼物种。这种杂交骆驼将包含最初起源于北美地区的骆驼亲缘物种的现存基因库。

本次讨论的目的不是提倡或否定这些具体想法中的哪一个，而是要认识到，如果我们将所有的人类行为看作是自然发生并因此而合情合理的选择，我们就能以生态学家和环保主义者认为非常规、在历史上被认为不可接受的各种方式，使用各种技术、考虑不同策略，来维持和增加生物的多样性。力求增加生物多样性与试图降低（现有）多样性下降的速度同样是合理的行为。

就北美地区的哺乳动物而言，我们可以采取一些组合策略：引进来自不同大陆的生态学相似物种、引进来自世界其他地方的濒危物种、引进随着气候变暖而在中美洲受到威胁的物种、重造几种近乎“纯种”的灭绝物种、将古老的 DNA 和现存物种的基因拼接起来、通过常规育种产生新的杂交种（就像我提出的杂交骆驼，以及如今备受丑化的家牛和野牛间的皮弗娄牛杂交种）、采用驯养动物放牧和吃草，或者只留下野鹿和野猪继续繁殖，并允许灰熊和狼从北方重新移入。

每种方法的保护原理通常被阐述成能使世界更自然，并将其恢复到类似于过去存在的状态，但这明显是靠不住的。这些选择都不会使生物世界回归原始轨迹。但是，我们不应仅仅因为异常而排除任何选择。我们有责任决定是否要进行干预，以及如果是的话，该如何进行干预。这样的所有决定，包括完全不采取行动的决定，都会让世界沿着一个略微不同但同样自然的方向发展。

欢迎来到人类纪公园——我们的家

回到蒙特利，我们还是有可能看到美国最著名的蝴蝶依附在澳大利亚桉树下垂的枝叶上越冬的奇异景象。除了桉树之外，还有一种罕见的加州原生树木现在已经成为南半球的林业支柱。蒙特利松树被拯救下来，即使它最终的幸存可能取决于在南非已经野生化的种群。物种在它们能够生存的地方生存，在它们能够繁荣的地方繁荣，在人类能够利用它们的地方被人类利用。

加州现在生长着超过 1 000 种引进植物，尽管躺在拉布雷亚的焦油坑中被保存下来的冰河时代的巨型野兽已经消失，但最近几百年来，我们已经见证了穴兔、两种松鼠、家鼠、两种大鼠、芭芭利野绵羊、黇鹿、野猪、野鸡、火鸡、椋鸟、家雀儿、棕头牛鹂、许多昆虫和蛞蝓以及所有人类驯化的家畜的加入。就像正在成为仅生活在加州的新物种的矢车菊一样，所有这些引进的植物和动物将与仍然生活在世界其他地区的祖先背道而驰，最终增加地球上生命的种类。这未必是加州生物多样性或者整个星球生物多样性的悲剧。我们仍应尽力拯救仅生活在加州的物种，但对闯入者发动对抗未必那么重要，除非它们明确地危害其他物种。即便如此，只有找到永久解决方案时才值得我们付诸战斗。

每当我们想要对抗特定的生物变化时，我们都应该自省以下三个问题。我们的努力会在几百年后带来很大的影响吗？如果没有，这意味着我们正在进行一场必然失败的对抗。假定我们的后代并不知道当今世界的具体情况，而如果他们生活的世界发生了变化，那么他们会不会因此而烦恼？如果第二个问题的答案是否定的，这意味着我们正在进行一场不需要赢的战斗。如果改变是不可避免的，而事实确实如此，那么我们就应该提出第三个问题：我们如何才能使后代从自然界中获得的利益最大化？换句话说，我们该如何促进可能有利于未来人类社会的变化，以及避免将来以未知方式发生的重要的物种损失？

不管我们能够以何种方式创造新的生物学成功案例，那么就开始行动吧。我们可以在可行之处而并非原产地来保护动植物。我们可以把受气候威胁的物种运送到它们自己无法到达的地方，如果这能增加个体物种的生存机会，为什么不这样做呢？

我们可以将物种引入到以前它们此前没有出现过的生态系统中，例如，抗旱树木可以增加森林对未来水资源短缺的适应能力。我们可以将物种引入新的地理区域，以增加人造栖息地贫乏的物种多样性。我们可以培育出含有从未有过的综合各种物种的新型生态系统。我们可以刻意创造出生态多样化的景观，拼接起不同的生态系统，达到比现在大多数生态系统的物种更丰富的状态。我们还可以帮助引导进化的过程：创造新的杂交种，发挥我们认为其有用的生态功能；开发新型昆虫，吃掉有害的杂草；利用基因修饰技术将抗病基因插入圈养青蛙，使它们能够重新在南美洲生长繁殖。

现在正是环境保护和环境运动的时候了，让我们摆脱自我强加的限制以及对变化的恐惧，积极行动起来。

欢迎来到人类纪公园——我们的家。

蒙特利松树紧贴在加利福尼亚州蒙特利南部的悬崖边缘生长，在这里它是一种可能濒临灭绝的稀有本土树种 。

新西兰的种植园中密集生长的蒙特利松树。众所周知，辐射松进入新西兰后，得益于该岛国独特的气候条件，顺利安家落户，并异乎寻常地生长良好。

后 记

Inheritors of the earth

100 万年以后的世界……

令人惊奇的是，智人进化的长期后果完全有可能增加地球表面的物种数量[1]。当然，我们不可能预料到未来会发生什么事。人类可能因为一个极具灾难性的事件而灭绝，例如，一个延长的核冬天（核武器爆炸引起的全球性气温下降，并带来一段昏暗、寒冷、荒芜的时期），或者与人造生命有关的地球生物大崩溃，以至于所有的赌注都落空了。

如果人类或我们的生物机械升级能够存活到未来百万年之后，并开发出目前难以想象的技术，谁又能猜到地球上将会发生什么？然而，如果从目前已知的生物过程推断，并忽略未知的未知世界，那么我们至少有可能考虑到人类在 100 万年后对地球生命的影响。

首先考虑的是物种损失。我们已经扑杀了大部分体型较大的陆地哺乳动物，清除了大部分曾经生活在孤岛上的不会飞并且易感病的鸟类。其他遇到大陆物种后无法存活下来的岛屿物种也在灭绝。将来，更多的哺乳动物、鸟类、爬行动物、鱼类和植物也可能被猎杀、捕捞或采摘至灭绝。如果世界上部分地区的人口过于稠密或耕种过于密集，以至于人类几乎清除掉先前的所有植被，那么这些地区将会失去许多独特的物种。随着气候变暖，许多高山物种将会消失。毫无疑问，这其中也会有我们无法预料到的物种损失。

这些物种灭绝将达到怎样的水平？目前排在首位的是鸟类，曾经存在的鸟类物种中大约有 9% 已经灭绝，其中大多数鸟类都曾栖息在海洋岛屿上。更多的物种将消失得无影无踪。就目前所知，这种现象并不典型，但太平洋岛屿的蜗牛与部分昆虫可能遭受着同样的痛苦。然而，就脊椎动物目前的灭绝情况而言，鸟类高居榜首，两栖动物可能紧追其后。以目前的灭绝速度，我们预计世界上 12% 的鸟类物种将在下个世纪消失[2]。一个世纪以来，世界物种的整体平均灭绝速度（不仅仅是鸟类）接近物种数量的 10%，远远达不到地质学历史上 5 次生物大灭绝的物种灭绝程度（75% 以上）。然而，如果目前的灭绝速度能在未来的 1 万年里继续保持下去，那么人类纪就可能成为“第 6 次生物大灭绝”，而这 1 万年在生命史上不过是一段很短暂的时间。

宣布人类纪将迎来第 6 次生物大灭绝还为时尚早。尽管如此，1/4 的哺乳动物、1/3 的仙人掌和造礁珊瑚，以及 2/5 的两栖动物都在某种程度上已经受到威胁[3]。它们不会全部灭绝，但有些威胁有可能在近期逐步加剧，例如人类引起的气候变化以及与人口有关的土地密集化利用。因此，根据最近的灭绝率和预计性威胁，我们可以猜测，对于大多数动植物种类而言，与人类有关的灭绝将在未来的 1 000 年里达到 20% ～ 40% 。这种情况可能出于两个原因。

首先，对人类干扰和人类有关的生物入侵特别敏感的物种正逐渐消失，留下生命力更顽强、分布更广泛的动植物生存下来。正如我们所看到的，大陆物种的生存情况相对较好，我们所熟悉的大多数基本类型的动物、植物和微生物都相对安全地存活过人类纪时代。

其次，让我们做一个大胆的假设，如果在 21 世纪之后，人口能够保持相对稳定或者下降，并且我们能够发展出越来越有效的获取粮食的手段，那么目前人类对土地日益增长的需求可能会逆转。在未来 100 年左右，人类可能会实现“最高效的土地利用”，此后的土地压力将逐步减轻。这应该是我们的目标。

这些数字已经体现了现代环保工作的成功，特别是国家公园和其他保护区所提供的保护，以及拯救个别濒危物种的行动。如果放弃这些努力，物种灭绝率将会上升。自然保护的主要任务是使物种损失保持在可能范围的下端，并鼓励生物学收益。虽然我一直主张以更灵活的方式来对待环境，特别是环境保护，但我所说的任何话都不应被用来破坏拯救现存物种或维持保护区而做出的努力。

在本书中，我选择关注那些经常被忽视的生物学收益。世界上几乎所有国家和岛屿都经历了地区范围内的物种数量大幅增加，特别是在植物方面。在这些新增物种中，有些物种按照自己的意愿移居到人类创造的栖息地中，另一些物种则是人类意外或有意引入的。目前，在可获取良好数据的大多数地区，在野外生长的植物物种数量已经比人类到达该地区前多出 20%（大陆国家）至 100%（尤其是岛屿）。这种增长幅度可能高于全球标准，因为良好数据主要来自于贸易历史相对较长，因而物种引入比例较高的国家。然而，现在世界各地都参与到国际运输中来，近期才开始发展贸易的国家有望很快赶上来。如果近期这种新增物种多于灭绝物种的模式能够再维持 1 000 年，那么大多数地区的现存植物物种数量将至少翻上 1 倍，有些地区甚至能见证 5 倍的物种数量增长。

植物的多样性一旦形成，以植物为食的动物的多样性以及食用这些食草动物的其他动物的多样性最终都会迎头赶上。昆虫正在世界各地引进的植物上繁衍生息，而病原体的定期暴发则意味着微生物的多样性也必须发生同样的情况（除非它们引起重大流行病，否则大多数入侵物种都不会引起人类的注意）。每个地区的脊椎动物种类也在增加。尽管海洋岛屿上的鸟类和爬行动物灭绝了，但如果把引进的哺乳动物、鸟类、爬行动物、淡水鱼和两栖动物数量加起来，那么大多数岛屿上现存的脊椎动物种类都要比过去更多。在人类影响期间，生活在几乎每个国家或岛屿的物种数量都有所增加，而且会继续增加。

这些物种多样性的增加不仅仅是物种数量的简单计数。每个岛屿上现在都存有陆地哺乳动物和鸟类——这是增加了一大类新的动物。现在，每个大陆地区都存有在单独的大陆上进化了数千万年的动植物。将澳大利亚的桉树添加到加州的植物群中所增加的主要植物类型的多样性，要比引入新型松树（蒙特利松树以及松属中的其他物种早就在此生长）能达成更多。随着食物链底层的物种多样性增加，最初并未伴随植物而来的昆虫、真菌和细菌将有更多的机会传播到世界各地。几乎所有国家和岛屿现存的生物都要比过去更加多样化。

这些生态变化增加了每个区域的多样性[4]，但它们没有在清单中新增物种——新物种的形成需要进化。进化造成的物种增加可能由 3 个主要过程形成。第 1 个过程就是杂交，也就是我在第 9 章中讨论的内容。来自世界不同地区并跟随人类迁徙的物种会相遇、繁殖并产生杂交后代。在某些情况下，例如英国的千里光属和酸浆属植物，杂交后代与其亲本不相容，一个物种的花粉管与另一个物种的胚珠相遇后便即刻诞生了新物种。我们还需要了解更多的信息，但欧洲和北美地区杂交形成新植物物种的速度似乎已经与灭绝过程一样快，甚至还要比后者更快些。在新盘古大陆上，遥远的物种在此相遇并产生杂交物种，这种现象在地球的生命史上是如此罕见，以至于当前阶段的新植物物种可能比陆地植物诞生后的 7 亿年来都要高。在其他情况中，新杂交物种（比如杜鹃之间或者苏格兰红鹿与梅花鹿之间的杂交）不会立即形成新物种，但新的混合基因动物或植物将慢慢朝着新的进化方向前进——它们或许会在几十万年后产生新的物种，而并不是一夜之间。

第 2 个过程则涉及利用新型生态情景的动物、植物和微生物，也就是我在第 7 章和第 8 章中所考虑的内容。苹果实蝇和攻击苹果实蝇的寄生虫在几十年到一个半世纪的时间内适应了新的生态机会（引入苹果树），并且达到了快要形成新物种的程度。这将是一个重大过程，在几十年、几个世纪乃至未来数十万年里产生新的物种。因而在 100 万年后，我们可以预期，人类时代在世界其他新地区建立起持久性种群的所有植物都将获得大量的专化寄生虫和疾病。进化的速度快到足以实现这种情况。在未来，加州的桉树林可能与澳大利亚的桉树林一样，拥有相关的昆虫和疾病。

然而，对新物种贡献最大的可能是第 3 个过程：人类世界甚至是后人类世界的地理分离。到那时，当我们在地球上运输的同一物种的两个或两个以上的种群将生活在疏散的地理区域中。最终，它们在不同的地方成为独特的物种，正如杂交物种是人类纪的短期特征一样，这将是人类主导盘古群岛的长期后果。这种隔离的进化趋异过程，正是嘲鸫在科隆群岛（加拉帕戈斯群岛）的不同岛屿上进化成不同物种的过程。这就是为什么，在更大的地理尺度上，南美洲的凤头麦鸡（在里约热内卢奥运会的高尔夫锦标赛期间，这种鸟通过声音对人群表达了恼怒的情绪）会演变成一种与欧洲、亚洲具有亲缘性的凤头麦鸡，以及非洲、亚洲和澳大拉西亚的其他凤头麦鸡均有所不同的独特物种。从欧洲引进到加州的矢车菊也在路上开启了进化之旅。加州植物在与其欧洲祖先发生杂交时已经部分不育，这距离这种植物被引入加州不过一个世纪。在100万年后，在所有被运送到新大陆和岛屿的物种中，有相当一部分会与其祖先大相径庭，并成为新的分离物种。到公元200万年，几乎所有的物种都截然不同。加州和澳大利亚的蓝桉树将不再是同一物种。

从历史角度来看，以绣眼鸟为代表的热带鸟类在过去的200万年里散布到了亚、欧、非洲的各个岛屿和大陆[5]。除了运输模式外（飞行而不是人类协助的迁徙），这正是在人类纪遍布全球的每个物种所面临的情况。人类引进的物种如今生活在世界上许多不同的地方，而现在的原始种群和如今存活的新地点之间只有适度比例的遗传联系（通过持续的人类移动）。这与绣眼鸟的情况类似，它们首先需要长距离移动的能力，而后又适应了当地条件，进化为单独的物种。绣眼鸟已经分化成大约80个物种。

这种过程并非绝无仅有。超过375种新世界的大鼠和老鼠在移居南美洲后发生进化；在首批祖先借助漂浮的植被从印度尼西亚漂流而来的仅仅几百万年后，澳大利亚和新几内亚的啮齿动物就进化成130多个物种；在入侵北美洲之后，大约80种羽扇豆植物在安第斯地区进化了150万年。只需让世界上大约5%的物种能够重复绣眼鸟、啮齿动物和羽扇豆的壮举（也就是说，10万年内在不同的地理位置产生20个新物种），地球上的物种总数就能翻上一番。然后，这些新物种都有可能获得独特的寄生虫（包括植物物种的相关昆虫）和疾病，进一步增加物种的数量。

岛屿生物多样性的增加可能远超过这种程度。由于引入的哺乳动物不会飞行，每个岛上的种群都会在遗传上发生隔离；或者至少人类时代持续到达的速度不足以阻止它们适应当地条件。世界上的各处岛屿最终将存有更多的物种：林间的大鼠、地面的大鼠，跑得快的大鼠、跑得慢的大鼠，素食和肉食大鼠都将在不同的岛屿上出现。再往后几百万年，其中的许多动物都会看起来很奇怪。珊瑚礁哺乳动物的新家族可能诞生。我们能用数字来具象化吗？如果两三万个太平洋岛屿中有 1 000 个岛屿的面积足够大，并足以在很长一段时间内支持一种大鼠和一种小鼠这两种啮齿动物存活，我们的世界动物名录上最终将增加大量的新型啮齿动物。仅仅考虑啮齿动物这一种，世界哺乳动物名录就会增加大约 40%。其中的许多岛屿还有猫、狗、山羊、猪和驼鹿等，这些动物也会发生多样化。新西兰当局已经决定尽力消灭引入的哺乳动物，假如他们失败的话，将会有几十种新的哺乳动物物种仅存活在新西兰。到公元 100 万年时，所有哺乳动物多样性中有 1/3 可能是仅生活在岛屿上的物种。

引入的蜥蜴和鸟类也比比皆是，在这些分散的地区，引入的鸟类种群至少与灭绝的鸟类物种一样多。这些物种也会进化成单独的物种，但这次它们将成为能够与哺乳动物共同生存的物种。世界上的岛屿将再次充满独特的脊椎动物物种，而且物种数量可能至少是人类到达之前的总数的 3 倍，尽管当今独特的岛屿物种比 1 万年前要少得多。

回到世界各大洲，我们将开始看到包括家畜的后代在内的、体型最大的现存哺乳动物重新恢复它们的位置。我们可以预期，已经生活在北美洲、南美洲、欧洲和澳大利亚的野马在大约 100 万年后就会成为单独的物种；而且每个大陆上可能有不止一个物种。貘的后代可能正在成为下一个几吨重的巨兽。巨型的美洲虎会回来捕食它们。然而，这些新的生物群落可能会被偶蹄目的有蹄类哺乳动物占据主导地位。牛、山羊、疾行的鹿和羚羊的亲缘物种在人类时代存活得很好。这些哺乳动物将开始进化成下一代巨兽。但是，世界上可能会有意料之外的新物种。移动速度最快的袋鼠如果能在人类时代逃脱囚禁，到那时它们就会成为世界上所有草原和稀树草原的主要食草动物。

在把整个世界变成全球性群岛之后，我们便制定了训练过程，以增加而并非减少地球物种的长期多样性。如果我冒险胡乱猜测，假设人类今天就会消失，那么我认为100万年后地球上存活的物种数量将达到目前的1.5 ~ 5倍。如果当前在世界新地区积累物种的速度还能持续1 000年，然后人类悄悄地消失，那么在接下来100万年的过程中，多样性的倍增可能要远远高于上述推测。500万年后，一旦这些新物种进化成越来越独特的形式，我们就能认定人类的出现大大增加了地球的生物多样性。这将是第6次生命起源。

参考文献

Inheritors of the earth

前言　重新讲述“人类星球”生命的故事

1.I am defining ecological success as survival in human- altered locations, and ecological gain to be an increase in the numbers of individuals, range of habitats or geographic distribution of a particular species, irre-spective of whether any evolutionary change has taken place. I also include increases in diversity in a given location within my definition of ecological gain. I consider evolutionary success and gain to be instances where survival (when considering success) and increased abundance, use of new habitats and an enlarged distribution (when considering gains) are underpinned by evolutionary change or by the previously evolved characteristics of different types of species. I include evolved increases in diversity (such as one species evolving into two) within my definition of evolutionary gain.

2.The IUCN Red List of Threatened Species summary statistics, http://www.iucnredlist.org/about/ summary- statistics#How_many_threat-ened, accessed 1 January 2017.

3.I leave others to discuss how many of my conclusions hold for the mar-ine realm.

第 1 章 物种“全球化”的急先锋——麻雀

1.Sætre, G. P. et al. (2012), ‘Single origin of human commensalism in the house sparrow’, Journal of Evolutionary Biology, 25, 788–96.

2.Lever, C. (2005), Naturalised Birds of the World, London: Poyser.

3.Robinson, R. A. et al. (2015), BirdTrends 2015: Trends in numbers, breeding success and survival for UK breeding birds. Research Report 678, Thetford: BTO; Rich, T.D. et al. (2004), Partners in Flight: North American landbird conservation plan, Ithaca, NY: Cornell Laboratory of Ornithology; BirdLife International (2016) Species factsheet: Passer domesticus, downloaded from http://www.birdlife.org, 12 January 2016.

4.No criticism of the research itself. I am merely questioning why the decline in the house- sparrow population is regarded as an ecological or conserva-tion crisis. Research on this topic includes: Hole, D. G. et al. (2002), ‘Agriculture: Widespread local house-sparrow extinctions’, Nature, 418, 931–2; Peach, W. J., Sheehan, D. K. & Kirby, W. B. (2014), ‘Supplemen-tary feeding of mealworms enhances reproductive success in garden nesting House Sparrows Passer domesticus’, Bird Study, 61, 378–85.

5.Dawson, W. L. (1903), Birds of Ohio, Columbus, Ohio: Wheaton Pub-lishing Company.

6.http://michiganbluebirds.org, accessed 29 July 2015.

7.Analysis of Audubon Christmas Bird Count data 1951–2014. Sparrow numbers have declined by over 60 per cent (an average of 12.16 house sparrows per party hour were counted in 1951–60, compared to 4.51 per party hour in 2005–14), while Eastern bluebirds have increased by about 50 per cent (an average of 0.42 bluebirds per party hour in

1951–60, compared to 0.62 per party hour in 2005–14). Eastern bluebirds do not decline (change in counts from one year to the next) following years when the actual numbers of sparrows is high (R2 = 0.0014, n = 63 years, p = 0.77), or when numbers of sparrows increase (R2 = 0.0031, n = 62 years, p = 0.67). Equally, increases and decreases in sparrow numbers are not related to the numbers of bluebirds or to changes in the numbers of bluebirds. The North American Breeding Bird Survey (BBS), which measures abundances during the breeding season, also finds a statistically significant increase in the overall abundance of Eastern bluebirds and a decline in the numbers of house sparrows (over the period 1966–2013), including in the state of Michigan.

8.Hall, K.D. (2007), 'Guidelines for successful monitoring of Eastern Bluebird nest boxes', Passenger Pigeon, 69, issue 2.

9.Peterson, R. T., Mountfort, G.R. & Hollum, P.A.D. (1966), A Field Guide to the Birds of Britain and Europe, London: Collins (revised edition).

10.Thanks to Fabrice Eroukhmanoff and Anna Runemark, as well as to Glenn- Peter Sætre and Richard Bailey. Research students in the project include Jo Hermansen, Tore Elgvin and Cassandra Trier.

11.Hermansen, J.S. et al. (2011), 'Hybrid speciation in sparrows I: Pheno-typic intermediacy, genetic admixture and barriers to gene flow', Molecular Ecology, 20, 3812–22; Elgvin, T.O. et al. (2011), 'Hybrid speciation in sparrows II: A role for sex chromosomes?', Molecular Ecology, 20, 3823–37; Trier, C. N. et al. (2014), 'Evidence for mito- nuclear and sex-l inked reproductive barriers between the hybrid Italian sparrow and its parent species', PLOS Genetics, 10, e1004075.

12.Zeder, M.A.(2008), 'Domestication and early agriculture in the Medi-terranean Basin: Origins, diffusion, and impact', Proceedings of the National Academy of Sciences USA, 105, 11597–604.

13.Based on a twenty- minute internet search of current news; stories dated 3–17 December 2016.

14.CNN quote; http://edition.cnn.com/2016/12/12/world/ sutter-vanishing- help/.

15.Henderson, I.S.(2010), ‘North American Ruddy Ducks Oxyura jamaicensis in the United Kingdom – population development and con-trol’, BOU Proceedings – The Impacts of Non- native Species.

16.BirdLife International (2015), Himantopus novaezelandiae, IUCN Red List of Threatened Species, 2015.

17.For readers unfamiliar with rugby, the New Zealand rugby team is their greatest source of sporting pride, and the team is known as the ‘All Blacks’.

第 2 章　人与动植物，到底谁“驯化”了谁？

1.The 30 December 2016 Chinese Government announcement of a cessa-tion of commercial ivory sales and processing by the end of 2017 will, hopefully, reduce this problem; http://www.gov.cn/zhengce/content/2016- 12/30/content_5155017.htm

2.Wittemyer, G.et al. (2014), ‘Illegal killing for ivory drives global decline in African elephants’, Proceedings of the National Academy of Sci-ences USA, 111, 13117–21.

3.Less so in West Africa, where cattle show some degree of resistance.

4.Some suggest that African elephants are three, rather than two, species, in which case four survive in total.

5.Climatic changes also contributed, but only in the sense that humans were more likely to exterminate a species at times when their numbers were reduced by the climate; Cooper, A. et al. (2015), ‘Abrupt warming events drove Late Pleistocene Holarctic megafaunal turnover’, Science, 349, 602–6.

6.Fariña, R. A, Vizcaíno, S. F. & De Iuliis, G. (2013), Megafauna: Giant Beasts of Pleistocene South America, Bloomington, Indiana: Indiana University Press.

7.Based on average weights of males and females. A few bull eland and dromedaries weigh over a tonne, but their average is lower. The giraffe has recently been divided into four separate species; Fennessy, J.et al.(2016), ‘Multi- locus analyses reveal four giraffe species instead of one’, Current Biology, 26, 2543–9.

8.Redrawn using data from Faurby, S. & Svenning, J.- C. (2015), ‘Historic and prehistoric human-driven extinctions have reshaped global mam-mal diversity patterns’, Diversity and Distributions 21, 1155– 66.

9.Duncan, R.P., Boyer, A.G. & Blackburn, T.M. (2013), ‘Magnitude and variation of prehistoric bird extinctions in the Pacific’, Proceedings of the National Academy of Sciences USA, 110, 6436–41.

10.These estimates include species listed by IUCN as (a) extinct in the wild (for which live specimens still survive in zoos, botanic gardens or seed banks), (b) completely extinct, and (c) possibly extinct and possibly extinct in the wild. This is the best estimate currently available.

11.I am referring to the very large four- legged (and two- legged, two- handed) dinosaurs; birds are flying dinosaurs.

12.The genetic (DNA) sequences of species diverge with increasing time, and genetic differences can be calibrated using fossils of known age. Authors are not in full agreement over the timing of events, but much bird diversity did exist before the terrestrial dinosaurs disappeared. Jetz, W. et al. (2012), ‘The global diversity of birds in space and time’, Nature, 491, 444–8; Claramunt, S. & Cracraft, J. (2015), ‘A new time tree reveals Earth history’ s imprint on the evolution of modern birds,’ Science Advances, 1, e1501005.

13.Moyle R. G. et al. (2016), ‘Tectonic collision and uplift of Wallacea trig-gered the global songbird radiation’ , Nature Communications 7, 12709.

14.Bininda- Emonds, O. R. P. et al. (2007), ‘The delayed rise of present- day mammals’ , Nature, 446, 507–12; Meredith, R.W. et al.(2011), ‘Impacts of the Cretaceous Terrestrial Revolution and KPg extinction on mam-mal diversification’ , Science, 334, 521–4; O’ Leary, M. A.et al. (2013), ‘The placental mammal ancestor and the post- ‘K- Pg radiation of pla-centals’ , Science, 339, 662–7; Puttick, M. N., Thomas, G.H. & Benton, M. J. (2016), ‘Dating placentalia: Morphological clocks fail to close the molecular fossil gap’ , Evolution, 70, 873–6.

15.Rainford, J. L. et al. (2014), ‘Phylogenetic distribution of extant rich-ness suggests metamorphosis is a key innovation driving diversification in insects’ , PlOS ONE, 9, e109085.

16.Nichols, D.J.& Johnson, K.R.(2008), Plants and the KT Boundary. Cambridge: Cambridge University Press.

17.Evans, A.R., et al. (2012), ‘The maximum rate of mammal evolu-tion’ , Proceedings of the National Academy of Sciences USA, 109, 4187–90.

18.McGovern, P. E. (2003), Ancient Wine: The Search for the Origins of Viniculture, Princeton, New Jersey: Princeton University Press.

19.UN FAO figures for 2013.

20.Smil, V. (2011), ‘Harvesting the biosphere: The human impact’ , Popu-lation and Development Review, 613–36; Smith, F. A. et al. (2016), ‘Megafauna in the Earth system’ , Ecography, 39, 99–108.

21.Barnosky, A.D.(2008), 'Megafauna biomass tradeoff as a driver of Quaternary and future extinctions', Proceedings of the National Acad-emy of Sciences USA, 105 (Supplement 1), 11543–8; this statement does not apply to marine mammals, where numbers of the heaviest spe-cies collapsed far more recently and are only now recovering.

22.Herrero, M.et al.(2013), 'Biomass use, production, feed efficiencies, and greenhouse gas emissions from global livestock systems', Proceed-ings of the National Academy of Sciences USA, 110, 20888–93.

23.On land only. Hunting (with sonars and nets) is still the norm in the oceans.

24.Wearing fur remains sensible when it is a by- product of farming ani-mals for their meat (it avoids waste). However, the modern stance against fur coats extends to social condemnation of wearing fur from our livestock. This condemnation does not generally extend to their skin (leather for shoes, etc.).

25.For example, fur farming and animal coats remain popular in parts of Asia.

26.Deinet, S.et al. (2013), Wildlife Comeback in Europe: The Recovery of Selected Mammal and Bird Species, London: Zoological Society of London.

27.The present- day elephants may be derived from more than one intro-duction to Borneo because elephants were common gifts between rulers and have been transported by sea in the region for over six hundred years; Cranbrook, E., Payne, J. & Leh, C.M.U. (2008), 'Origin of the elephants Elephas maximus of Borneo', Sarawak Museum Journal, 63, 1–25.

28.Shim, P. S. (2003), 'Another look at the Borneo elephant', Sabah Society Journal, 20, 7–14.

29.One of the ‘Aichi targets’ for 2020 (Convention on Biological Diversity Strategic Plan for Biodiversity) relates to invasive alien species. It includes the control or eradication of priority species.

30.Fernando, P. et al. (2003), ‘DNA analysis indicates that Asian elephants are native to Borneo and are therefore a high priority for conserva-tion,’ PLOS Biology, 1, 110–15. These authors did not consider the alternative and more likely scenario that they were introduced from a genetically unique population elsewhere (probably Java). Apparent gen-etic uniqueness could also arise if the existing population is the product of multiple introductions from different locations.

第 3 章 多少物种已经灭绝，又新加入多少

1.Corrales, F. & Badilla, A. (2005), Investigaciones Arqueologicas en Sitios con Esferas de Piedra, San José, Costa Rica: Delta del Diquís.

2.Roberts, A. (2011), Evolution: The human story, London: Dorling Kindersley; Ellis, E. C. et al. (2013), ‘Used planet: A global history’, Pro-ceedings of the National Academy of Sciences, 110, 7978–85.

3.Galetti, M. et al. (2009), ‘Hyper abundant mesopredators and bird extinction in an Atlantic forest island’, Zoologia, 26, 288–98.

4.Based on the species–area relationship, which commonly takes the form $\log S = \log C + Z^*\log A$, where the number of species is represented by S and the area of an island or habitat remnant is denoted A, and C and Z are constants. The two estimates of survival given are based on $Z = 0.15$ (which is typical of samples from different areas on land) and $Z = 0.25$ (which is commonly the case when the samples are from water-surrounded islands – and would be appropriate for forest specialists that were iso-lated from other forests).

5.Brooks, T. & Balmford, A.(1996), ‘Atlantic forest extinctions’, Nature, 380, 115. The authors split the analysis into four sub- regions, and then compiled the estimates of extinction for each region into one overall value.

6.Brooks, T., Tobias, J. & Balmford, A.(1999), ‘Deforestation and bird extinctions in the Atlantic forest’, Animal Conservation, 2, 211–22.

7.The situation is potentially even worse because the remaining forest is subdivided into small fragments; Schnell, J. K. et al. (2013), ‘Quantita-tive analysis of forest fragmentation in the Atlantic Forest reveals more threatened bird species than the current Red List’, PLOS ONE, 8, e65357.

8.Canale, G.R.et al. (2012), ‘Pervasive defaunation of forest remnants in a tropical biodiversity hotspot’, PLOS ONE, 7, e41671.

9.Gonçalves da Cruz, C. A. & Pimenta, B. (2004), Phrynomedusa fim-briata, IUCN Red List of Threatened Species, version 2014.2: www.iucnredlist.org.

10.Vellend, M.et al. (2013), ‘Global meta- analysis reveals no net change in l ocal-s cale plant biodiversity over time’, Proceedings of the National Academy of Sciences USA, 110, 19456– 9; Dornelas, M.et al. (2014), ‘Assemblage time series reveal biodiversity change but not systematic loss’, Science, 344, 296–9.

11.Newbold, T. et al. (2015), ‘Global effects of land use on local terrestrial biodiversity’, Nature, 520, 45–50. Estimated losses in this article relate to the number of species per unit area (e.g. per square metre or per hec-tare) of a single habitat, and do not refer to the number of species in an entire landscape.

12.Matthias, W. et al. (2005), ‘From forest to farmland: Habitat effects on Afrotropical forest bird diversity’, Ecological Applications, 15, 1351–66.

13.Bobo, K.S. et al. (2006), 'From forest to farmland: Butterfly diversity and habitat associations along a gradient of forest conversion in south- western Cameroon', Journal of Insect Conservation, 10, 29–42.

14.Waltert, M. et al. (2011), 'Assessing conservation values: Biodiversity and endemicity in tropical land use systems,' PLOS ONE, 6, e16238.

15.Maes, D. & Van Dyck, H. (2001), 'Butterfly diversity loss in Flanders (north Belgium): Europe's worst case scenario?', Biological Conserva-tion, 99, 263–76.

16.Many recent losses were associated with historical habitats that were created by humans in the first place.

17.Hanski, I.(2016), Messages from Islands: A Global Biodiversity Tour. Chicago: University of Chicago Press.

18.Rosenzweig, M. L. (1995), Species Diversity in Space and Time, Cam-bridge: Cambridge University Press.

19.Hiley, J. R., Bradbury, R. B. and Thomas, C.D.(2016), 'Impacts of habitat change and protected areas on alpha and beta diversity of Mex-ican birds', Diversity and Distributions, 22, 1245–54.

20.Stein, A., Gerstner, K. & Kreft, H.(2014), 'Environmental heterogene-ity as a universal driver of species richness across taxa, biomes and spatial scales', Ecology Letters, 17, 866– 80.

第 4 章　变化的气候与"流浪地球"的生物

1.Gippoliti, S. & Hunter, C.(2008), Theropithecus gelada, IUCN Red List of Threatened Species 2008, downloaded 27 March 2016.

2.The air cools at approximately 0.5 ℃ per 100m of increased elevation when the air is saturated with water, but nearer 1℃ per 100m in dry air.

3.This is for Scenario RCP 8.5 (warming may not be this great if green-house gas controls are more effective in future). Barros, V. R.et al.(2015), Climate Change 2014: Impacts, Adaptation, and Vulnerability. Part B: Regional Aspects, Contribution of Working Group II to the Fifth Assessment Report of the Intergovernmental Panel on Climate Change.

4.Marino, J. & Sillero- Zubiri, C. (2013), Canis simensis, IUCN Red List of Threatened Species 2013, downloaded 27 March 2016.

5.Sillero- Zubiri, C., Tattersall, F. H. & Macdonald, D.W. (1995), ‘Habi-tat selection and daily activity of giant mole-rats (Tachyoryctes macrocephalus): Significance to the Ethiopian wolf (Canis simensis) in the Afroalpine ecosystem’, Biological Conservation 72, 77–84.

6.The Bale Mountains National Park may be able to prevent this kind of encroachment.

7.The land that is any higher is too steep and rocky to support large num-bers of burrowing giant mole-rats; and the area is much reduced.

8.Chen, I- C. et al. (2009), ‘Elevation increases in moth assemblages over 42 years on a tropical mountain’, Proceedings of the National Academy of Sciences USA, 106, 1479–83; Chen, I - C. et al. (2011), ‘Asymmetric boundary shifts of tropical montane Lepidoptera over four decades of climate warming’, Global Ecology and Biogeography, 20, 34–45.

9.Pounds, J. A. et al. (2006), ‘Widespread amphibian extinctions from epidemic disease driven by global warming’, Nature, 439, 161–7. Most of the extinctions coincide with El Niño currents in the Pacific Ocean, altering temperatures, cloud cover and rainfall in the New World tropics. These hot years are superimposed on the background warming generated by human- caused climate change, so each new ‘peak’ is higher than the last (e.g. r ecord- breaking 1997–8 El Niño peak temperatures, when many harlequin frogs disappeared, have now been exceeded by 2015–16 El Niño temperatures).

10.Thomas, C.D.et al.(2004), ‘Extinction risk from climate change’, Nature, 427, 145–8.

11.Stopping climate change is the top priority. However, so much climate change has already taken place and is certain to occur in future (e.g. because of existing power stations) that implementing measures to move populations is already the only realistic option for many species.

12.Coope, G.R. (1979), ‘Late Cenozoic fossil Coleoptera: Evolution, bio-geography, and ecology’, Annual Review of Ecology and Systematics, 10, 247–67.

13.Divers are called ‘loons’ in North America.

14. ‘Alluvial Archaeology in the Vale of York. The Geology of the Vale of York’, http://www.yorkarchaeology.co.uk/valeofyork/geology.htm; and a presentation by Paul Buckland, http://www.thmcf.org/downloads/Humberhead%20Levels%20Rise%20and%20Fall.pdf.

15.Muscheler, R. et al.(2008), ‘Tree rings and ice cores reveal 14C calibra-tion uncertainties during the Younger Dryas’, Nature Geoscience, 1, 263–7.

16.Human artefacts are known from Creswell Crags in the adjacent county of Derbyshire at this time.

17.Clark, P. U. et al. (2009), ‘The Last Glacial Maximum’, Science, 325, 710–14.

18.Mayle, F. E. et al. (2004), ‘Responses of Amazonian ecosystems to cli-matic and atmospheric carbon dioxide changes since the last glacial maximum’, Philosophical Transactions of the Royal Society, B., 359, 499– 514; Morley, R.J. (2000), Origin and Evolution of Tropical Rain Forests, New York: John Wiley & Sons.

19.Kuper, R. & Kröpelin, S. (2006), ‘ Climate- controlled Holocene occu-pation in the Sahara: Motor of Africa' s evolution' , Science, 313, 803–7.

20.Smith, S. E. et al.(2013), 'The past, present and potential future distri-butions of cold- adapted bird species' , Diversity and Distributions, 19, 352–62.

21.United Kingdom' s National Biodiversity Gateway: https://data. nbn. org.uk/.

22.Heath, J., Pollard, E. & Thomas, J. A.(1984), Atlas of Butterflies in Britain and Ireland, Harmondsworth: Viking. The one 1970–82 record from Scotland is thought to be a stray individual that had not estab-lished a breeding population.

23.Braschler, B. & Hill, J. K.(2007), 'Role of larval host plants in the climate- driven range expansion of the butterfly Polygonia c-album' , Jour-nal of Animal Ecology, 76, 415–23. Comma caterpillars also eat wych elm, but these trees are rarer than nettles and have declined, whereas nettles have increased.

24.Thomas, C.D.(2010), 'Climate, climate change and range bounda-ries' , Diversity and Distributions, 16, 488–95; Illán, J. G. et al. (2014), 'Precipitation and winter temperature predict l ong-t erm range-s cale abundance changes in Western North American birds' , Global Change Biology, 20, 3351–64.

25.Chen, I- C. et al. (2011), 'Rapid range shifts of species associated with high levels of climate warming' , Science, 333, 1024–6. This rate of movement is the median; some are moving much faster and others are barely moving.

26.Boyd, P. W. et al. (2013), 'Marine phytoplankton temperature versus growth responses from polar to tropical waters – outcome of a scientific community- wide study' , PLOS ONE, 8, p.e63091.

27.Average annual temperature in Britain varies between 8.5° C (in the north) and 11° C (in the south).

28.Hawkins, B. A. et al. (2003), ‘Energy, water, and broad- scale geographic patterns of species richness’, Ecology, 84, 3105–17.

29.Menéndez, R. et al.(2006), ‘Species richness changes lag behind climate change’, Proceedings of the Royal Society of London B, 273, 1465–70. These climate- related diversity increases have taken place despite declines of many individual species, associated with changes to farming and for-estry practices.

30.Pounds, J. A., Fogden, M. P. & Campbell, J. H.(1999), ‘Biological response to climate change on a tropical mountain,’ Nature, 398, 611–15.

31.Sommer, J. H. et al. (2010), ‘Projected impacts of climate change on regional capacities for global plant species richness’, Proceedings of the Royal Society of London B, 277, 2271– 80; Reu, B. et al. (2011), ‘The role of plant functional t rade- offs for biodiversity changes and biome shifts under scenarios of global climatic change’, Biogeosciences, 8, 1255–66; Venevskaia, I., Venevsky, S. & Thomas, C. D. (2013), ‘Pro-jected latitudinal and regional changes in vascular plant diversity through climate change: Short- term gains and longer- term losses’, Bio-diversity and Conservation, 22, 1467–83.

32.Mayhew, P. J. et al.(2012), ‘Biodiversity tracks temperature over time’, Proceedings of the National Academy of Sciences USA, 109, 15141–5.

33.Wilson, R. J. et al.(2007), ‘An elevational shift in butterfly species rich-ness and composition accompanying recent climate change’, Global Change Biology, 13, 1873–7.

34.Predictions for the world’s drylands are complicated because: there is uncertainty about local and regional patterns of future rainfall; increased evaporation at higher temperatures results in some drying, even if rainfall increases slightly; the soil affects water retention; and the increased concentration of carbon dioxide in the atmosphere allows plants to keep the stomatal pores in their leaves closed for more of the time (reducing moisture loss). There is also uncertainty about what will happen to diversity in the world' s hottest rainforests (because the future climate in these locations will be unlike any that currently exist).

第 5 章　生物入侵并非传说的那么恐怖

1.Hofstetter, S. et al.(2006), 'Late glacial and Holocene vegetation his-tory in the Insubrian Southern Alps – new indications from a small-scale site' , Vegetation History and Archaeobotany, 15, 87–98.

2.Sandom, C.J. et al. (2014), 'High herbivore density associated with vege-tation diversity in interglacial ecosystems' , Proceedings of the National Academy of Sciences USA, 111, 4162–7.

3.Evans, K.L.et al.(2010), 'A conceptual framework for the colonisation of urban areas: The blackbird Turdus merula as a case study' , Bio-logical Reviews, 85, 643–67.

4.Walther, G.-R.et al.(2002), 'Ecological responses to recent climate change' , Nature, 416, 389–95.

5.Volta, P. & Jepsen, N.(2008), 'The recent invasion of Rutilus rutilus (L.) (Pisces: Cyprinidae) in a large South- Alpine lake: Lago Maggiore' , Journal of Limnology, 67, 163–70.

6.Hobbs, R. J. et al. (2006), 'Novel ecosystems: Theoretical and manage-ment aspects of the new ecological world order' , Global Ecology & Biogeography 15, 1–7; Ellis, E.C. & Ramankutty, N. (2008), 'Putting people in the map: Anthropogenic biomes of the world' , Frontiers in Ecology and the Environment, 6, 439–47.

7.It is not always possible to distinguish between closely related species on the basis of fossil remains, so it is more reliable to count numbers of plant genera (plural of 'genus') than numbers of separate species. For example, different species of oak tree in the genus Quercus can have pollen grains that are too alike to distinguish easily.

8.Svenning, J.C. (2003), 'Deterministic Plio- Pleistocene extinctions in the European cool- temperate tree flora' , Ecology Letters, 6, 646–53.

9.Russell, J.C.& Blackburn, T.M.(2016), 'The rise of invasive species denialism' , Trends in Ecology & Evolution DOI 10.1016/j.tree. 2016.10.012. The debate arises because defining a species as having 'negative impact' is a human construct. Scientists can agree on the facts but still differ in their interpretation: for instance, the arrival of ever-greens around Maggiore increases the total diversity of the region (positive impact) but decreases the abundance of some of the deciduous trees that were there previously (negative impact).

10.Nielsen, S.V. et al.(2011), 'New Zealand geckos (Diplodactylidae): Cryp-tic diversity in a post- Gondwanan lineage with t rans- Tasman affinities' , Molecular Phylogenetics & Evolution, 59, 1–22; England, R. (2013), New Zealand passerines: A contribution to passerine phylogeny' , M.Sc. thesis, Palmerston North, New Zealand: Massey University; Mitchell, K. J. et al.(2014), 'Ancient DNA reveals elephant birds and kiwi are sister taxa and clarifies ratite bird evolution' , Science, 344, 898–900; Carr, L.M. et al.(2015), 'Analyses of the mitochondrial genome of Leiopelma hochstetteri argues against the full drowning of New Zea-land' , Journal of Biogeography, 42, 1066–76.

11.Dyer, E. E. et al.(2017), 'The global distribution and drivers of alien bird species richness' , PLOS Biology, 15, p.e2000942.

12.http://www. europe-aliens.org/default.do; trade is increasingly global, so Europe is probably no more than a century ahead of other regions.

13.Addison, D.J. & Matisoo- Smith, E.(2010), ‘Rethinking Polynesians’ origins: A West- Polynesia triple- I model’, Archaeology in Oceania, 45, 1–12.

14.Duncan, R. P., Boyer, A.G. & Blackburn, T.M.(2013), ‘Magnitude and variation of prehistoric bird extinctions in the Pacific’, Proceedings of the National Academy of Sciences USA, 110, 6436–41.

15.Nuwer, R.(2013), ‘Doctors used to use live African frogs as pregnancy tests’, smithsonian.com.

16.Epidemics take place in hot years, as described in Chapter 4.

17.Young, H.S.et al.(2016), ‘Patterns, causes, and consequences of Anthropocene defaunation’, Annual Review of Ecology, Evolution, and Systematics, 47, 333– 58.

18.Most of the ‘damage’ attributed to invasive species on continents involves changes in the abundances, habitats and distributions of ‘native’ species, rather than the extinction of species. My emphasis is on whether entire species become extinct because there is no prospect that we can (or should aim to) maintain the exact status quo of each species in the face of climate change, habitat change, nitrogen deposition and invasions.

19.Chestnut blight is a disease that did not (quite) extinguish the American chestnut, but several species of plant- feeding insect that used to rely on this tree are thought to have become extinct.

20.Paine, R. T. (1969), ‘A note on trophic complexity and community sta-bility’, American Naturalist, 103, 91–3.

21.Williamson, M. (1996), Biological Invasions, London: Chapman & Hall. Williamson recognizes that the percentage of species establishing at each stage varies, for example differing between animals and plants, and between continents and islands. It can be rather higher on isolated islands.

22.Thomas, C.D. & Palmer, G.(2015), ‘ Non- native plants add to the Brit-ish flora without negative consequences for native diversity’ , Proceedings of the National Academy of Sciences USA, 112, 4387–92.

23.Kauri dieback disease (an oomycete mould) threatens the survival of the most statuesque of the forest trees. This is a genuine concern that demands urgent action.

24.Vellend, M. et al. (2016), ‘Plant biodiversity change across scales during the Anthropocene’ , Annual Review of Plant Biology, 68. DOI 10.1146 / annurev- arplant- 042916- 040949.

25.Clayson, J. et al. (2006), New Zealand Naturalised Vascular Plant Checklist, Wellington: New Zealand Plant Conservation Network.

26.Sax, D. F. and Gaines, S. D. (2008), ‘Species invasions and extinction: The future of native biodiversity on islands’ , Proceedings of the National Academy of Sciences USA, 105 (Supplement 1), 11490–97.

27. Sax, D. F. & Gaines, S. D. (2003), ‘Species diversity: From global decreases to local increases’ , Trends in Ecology & Evolution, 18, 561–6.

28.Thomas, C.D. (2013), ‘The Anthropocene could raise biological diver-sity’ , Nature, 502, 7; Roy, H. E. et al. (2012), Non- Native Species in Great Britain: Establishment, Detection and Reporting to Inform Effective Decision Making, London: Department for Environment, Food and Rural Affairs.

29.Ellis, E.C., Antill, E.C. & Kreft, H. (2012), ‘All is not loss: Plant bio-diversity in the Anthropocene’ , PlOS ONE, 7, p.e30535.

30.Some British species have declined as a result of the arrival of foreign species, and a few (such as the red squirrel) have died out from parts of their British ranges; but they have not disappeared completely. All the invasion- threatened species in Britain still occur elsewhere in continen-tal Europe.

第 6 章 人类纪时期，物种的“成”与“败”

1.Durrell, G. (1966), Two in the Bush, London: Collins.

2.At the time of writing in 2016, the New Zealand government has set aside NZ$28m, which is less than a third of 1 per cent of the estimated cost. The project is not necessarily impossible, if new technologies can be developed. However, reinvasion will be a continuous threat for as long as transport continues.

3.http://www.rationaloptimist.com/blog/eradicating- rats-from-oceanic- islands/; http://www.bbc.co.uk/news/ uk- scotland- tayside-central-3327 6540.

4.For example as an experiment on predator-i nhabited islands and in large enclosures on the mainland to find out how New Zealand’ s surviving animals and plants respond to pedestrian birds.

5.Pearce, F. (2015), The New Wild: Why Invasive Species Will be Nature’ s Salvation, Boston, MA: Beacon Press.

6.Carleton, M. D. & Musser, G. G. (2005), ‘Order Rodentia’ , in Wilson, D.E. & Reeder, D.M. (eds.), Mammal Species of the World: A Taxo-nomic and Geographic Reference, Volume 12, pp. 745–52, Baltimore: Johns Hopkins University Press

7.Hand, S. J. et al. (2009), ‘Bats that walk: A new evolutionary hypoth-esis for the terrestrial behaviour of New Zealand’ s endemic mystacinids’ , BMC Evolutionary Biology, 9, 169.

8.Simmons, N. B. et al. (2008), ‘Primitive Early Eocene bat from Wyo-ming and the evolution of flight and echolocation’ , Nature, 451, 818–21; Bininda- Emonds, O. R. P. et al. (2007), ‘The delayed rise of present- day mammals' , Nature, 446, 507–12; Meredith, R. W. et al. (2011), 'Impacts of the Cretaceous Terrestrial Revolution and KPg extinction on mam-mal diversification' , Science, 334, 521–4.

9.Jetz, W. et al. (2012), 'The global diversity of birds in space and time' , Nature, 491, 444–8; Claramunt, S. & Cracraft, J. (2015), 'A new time tree reveals Earth history' s imprint on the evolution of modern birds' , Science Advances, 1, e1501005.

10.Wright, N. A., Steadman, D. W. & Witt, C. C. (2016), 'Predictable evo-lution toward flightlessness in volant island birds' , Proceedings of the National Academy of Sciences USA, p.201522931.

11.Garcia- R., J. C. & Trewick, S. A. (2014), 'Dispersal and speciation in purple swamphens (Rallidae: Porphyrio)' , The Auk, 132, 140–55.

12.Migrant birds would have occasionally brought continental diseases to isolated islands, but the lack of insect vectors meant that many islands remained d isease-f ree until humans inadvertently imported mosquitos.

13.For example, New Zealand' s strutting weka cannot fly, but it is suffi-ciently sprightly, pugnacious and fast- breeding that it has continued to survive in some parts of the New Zealand mainland.

14.Including Australia as a continent.

15.New Zealand is a bit different, because it is a fragment of continental land, and some New Zealand forms might have survived until the land eventually became reconnected to other continents.

16.Bacon, C.D. et al. (2015), 'Biological evidence supports an early and complex emergence of the Isthmus of Panama' , Proceedings of the National Academy of Sciences USA, 112, 6110–15.

17.Leigh, E. G., O' Dea, A. & Vermeij, G.J. (2014), 'Historical biogeogra-phy of the Isthmus of Panama’, Biological Reviews, 89, 148–72.

18.Bacon, C.D. et al. (2015), ‘Biological evidence supports an early and complex emergence of the Isthmus of Panama’, Proceedings of the National Academy of Sciences USA, 112, 6110–15.

19.The King Island, Kangaroo Island and Tasmanian emus did become extinct, but the Australian mainland species survived. The other very large Australian flightless birds were in the family Dromornithidae, which did become extinct when humans arrived.

20.Presumably, moas were slow, adopted ineffective defence strategies (e.g. those that might work against giant New Zealand eagles), did not recog-nize the danger, or their chicks were killed by predators that accompanied Maori colonists. Loss of giant insects after the arrival of kiore rats may also have deprived the chicks of food.

21.Relatively speaking; for a particular type of climate and habitat. Note that the past area (which may have changed since the last ice age) can be as relevant as the current area of a habitat.

22.Tilman, D. (2011), ‘Diversification, biotic interchange, and the univer-sal trade- off hypothesis’, American Naturalist, 178, 355–71.

第 7 章　如何在栖息地条件变化时生存得更好

1.Singer, M. C., Thomas, C. D. & Parmesan, C. (1993), ‘Rapid human- induced evolution of i nsect– host associations’, Nature, 366, 681–3.

2.The blue-e yed Marys are in the plant family Scrophulariaceae, and lousewort in the related plant family Orobanchaceae, hence they share some plant chemicals that make the switch possible. Evolution operates within a series of constraints, so they would not have been able to evolve to lay eggs on, and larvae to eat, lupins or pine trees in such a short space of time.

3.There was a genetic basis for the change; Singer, M. C., Ng, D. & Thomas, C.D. (1988), 'Heritability of oviposition preference and its relationship to offspring performance within a single insect population', Evolution, 42, 977–85.

4.Thomas C.D. (2005), 'Recent evolutionary effects of climate change', in Climate Change and Biodiversity, Lovejoy, T. E. & Hannah, L.(eds.), New Haven, CT: Yale University Press, pp. 75– 88.

5.When I refer to 'bursts' and 'spurts' of evolution, I am referring to occa-sions when the rate of genotypic (the genes in each individual) change is relatively fast and results in rapid and substantial phenotypic change (in appearance, behaviour or physiology), which allows a population either to survive when conditions change, or to exploit new opportunities.

6.Severns, P. M. & Warren, A.D. (2008), 'Selectively eliminating and conserving exotic plants to save an endangered butterfly from local extinction', Animal Conservation, 11, 476–83; Severns, P. M. & Breed, G. A. (2014), 'Behavioral consequences of exotic host plant adoption and the differing roles of male harassment on female movement in two checkerspot butterflies', Behavioral Ecology & Sociobiology, 68, 805–14.

7.Bowers, M.D. & Richardson, L.L. (2013), 'Use of two oviposition plants in populations of Euphydryas phaeton Drury (Nymphalidae)', Journal of the Lepidopterists' Society, 67, 299–300.

8.Graves, S.D. & Shapiro, A. M. (2003), 'Exotics as host plants of the California butterfly fauna', Biological Conservation, 110, 413–33.

9.Singer, M.C., Thomas, C.D. & Parmesan, C. (1993), 'Rapid

human- induced evolution of i nsect– host associations’ , Nature, 366, 681–3.

10.Bourn, N.A.D. & Thomas, J.A. (1993), ‘The ecology and conserva-tion of the brown argus butterfly Aricia agestis in Britain’ , Biological Conservation, 63, 67–74.

11.Pateman, R. M. et al. (2012), ‘ Temperature- dependent alterations in host use drive rapid range expansion in a butterfly’ , Science, 336, 1028–30.

12.Thomas, C.D. et al. (2001), ‘Ecological and evolutionary processes at expanding range margins’ Nature, 411, 577–81; Buckley, J., Butlin, R. K.& Bridle, J. R. (2012), ‘Evidence for evolutionary change associated with the recent range expansion of the British butterfly, Aricia agestis, in response to climate change’ , Molecular Ecology, 21, 267–80; Bridle, J. R. et al. (2014), ‘Evolution on the move: Specialization on widespread resources associated with rapid range expansion in response to climate change’ , Proceedings of the Royal Society of London B: Biological Sci-ences, 281, 20131800; Buckley, J. & Bridle, J.R. (2014), ‘Loss of adaptive variation during evolutionary responses to climate change’ , Ecology Letters, 17, 1316–25.

13.As of December 2016, the international Paris climate change agreement aims to keep the average global temperature below 2° C (and preferably closer to 1.5° C) above pre-i ndustrial conditions. However, the individ-ual country pledges made to date are expected to lead to warming of approximately 2.7° C, if they are all fulfilled.

14.This is akin to the geneticist’ s concept of a ‘ring species’ , where there is a geographic continuum of populations, each of which can reproduce with its neighbours, but if the extreme ends of the continuum meet up, they operate as though they are separate species.

15.Phillipps, Q. & Phillipps, K. (2014), ‘Phillipps’ Field Guide to the Birds of Borneo, Oxford: John Beaufoy Publishing (3rd edition).

16.Laland, K. N., Odling- Smee, F. J. & Myles, S. (2010), ‘How culture shaped the human genome: Bringing genetics and the human sciences together’, Nature Reviews Genetics, 11, 137–48.

17.Hooke, R. L., Martín-Duque, J. F. & Pedraza, J. (2012), ‘Land trans-formation by humans: A review’, GSA Today, 22, 4–10.

18.Carroll, S. P. et al. (2007), ‘Evolution on ecological time-scales, Func-tional Ecology, 21, 387–93.

19.Darimont, C. T. et al. (2009), ‘Human predators outpace other agents of trait change in the wild’, Proceedings of the National Academy of Sciences, USA, 106, 952–4.

20.Hemingway, J. & Ranson, H. (2000), ‘Insecticide resistance in insect vectors of human disease’, Annual Review of Entomology, 45, 371–91.

21.Roush, R. & Tabashnik, B.E. (eds.) (2012), Pesticide Resistance in Arthropods, Springer Science & Business Media.

22.Heap, I. (2014), ‘Herbicide resistant weeds’, in Integrated Pest Manage-ment, pp. 281–301, Netherlands: Springer.

23.Pelz, H. J. et al. (2005), ‘The genetic basis of resistance to anticoagu-lants in rodents’ Genetics, 170, 1839–47.

24.Berthold, P. et al. (1992), ‘Rapid microevolution of migratory behav-iour in a wild bird species’, Nature, 360, 668–70; Karell, P. et al. (2011), ‘Climate change drives microevolution in a wild bird’, Nature Com-munications, 2, 208.

25.Hill, J.K., Griffiths, H.M. & Thomas, C.D. (2011), ‘Climate change and evolutionary adaptations at species’ range margins’, Annual Review of Entomology, 56, 143–59.

26.Phillips, B.L. et al. (2006), ‘Invasion and the evolution of speed in toads’, Nature, 439, 803.

27.Saccheri, I. J. et al. (2008), ‘Selection and gene flow on a diminishing cline of melanic peppered moths’, Proceedings of the National Acad-emy of Sciences, USA, 105, 16212–17.

28.Antonovics, J., Bradshaw, A.D. & Turner, R.G. (1971), ‘Heavy metal tolerance in plants’, Advances in Ecological Research 7, 1– 85.

第 8 章　泛大陆群岛上的进化革命

1.Arbogast, B. S. et al. (2006), ‘The origin and diversification of Galapa-gos mockingbirds’, Evolution 60, 370–82; Nietlisbach, P. et al. (2013), ‘Hybrid ancestry of an island subspecies of Galápagos mockingbird explains discordant gene trees’, Molecular Phylogenetics and Evolu-tion, 69, 581–92.

2.Durham, W. H. (2012), ‘What Darwin found convincing in Galápa-gos’, The Role of Science for Conservation, 34, 1.

3.As new islands are continuously emerging as a result of volcanic activ-ity and then erode away, the first colonists may actually have arrived on Galapagos islands that are now submerged.

4.Some further exchange of individuals would continue (gene flow), but immigration of new individuals from another island would be very small, relative to the size of the resident population on each island. Thus, the populations on each island could continue to diverge – although there would be potential for genes that are beneficial on all islands to spread between them.

5.Grant, P. R. & Grant, B. R. (2011), How and Why Species Multiply: The Radiation of Darwin’s Finches, Princeton, New Jersey: Princeton University Press.

6.Lamichhaney, S. et al. (2015), 'Evolution of Darwin' s finches and their beaks revealed by genome sequencing' , Nature, 518, 371–5.

7.Lerner, H. R. et al. (2011), 'Multilocus resolution of phylogeny and timescale in the extant adaptive radiation of Hawaiian honeycreepers' , Current Biology, 21, 1838–44.

8.The process of evolution into separate species in isolated geographic locations is known as 'allopatric speciation' .

9.Including New Zealand, but excluding New Guinea, which already supported terrestrial mammals. Once a species is flightless, it may lose the ability to colonize new islands (though not completely: volcanic activity, plate tectonics, coral growth and sea-l evel changes may connect and then disconnect islands).

10.Tilman, D. (2011), 'Diversification, biotic interchange, and the univer-sal trade- off hypothesis' , American Naturalist, 178, 355–71.

11.This excludes South American deer species that also live in Central and North America. The taxonomy of South American deer is still debated, so the final 'agreed' number of species may be slightly higher or lower than fourteen.

12.In the rodent subfamily Sigmodontinae.

13.Hughes, C. & Eastwood, R. (2006), 'Island radiation on a continental scale: exceptional rates of plant diversification after uplift of the Andes' , Proceedings of the National Academy of Sciences USA, 103, 10334–9; Nevado, B. et al. (2016), 'Widespread adaptive evolution during repeated evolutionary radiations in New World lupins' , Nature Communications, 7, 12384.

14.Tilman, D. (2011), 'Diversification, biotic interchange, and the univer-sal trade- off hypothesis' , American Naturalist, 178, 355–71.

15.Zuk, M., Simmons, L. W. & Cupp, L. (1993), 'Calling characteristics of parasitized and unparasitized populations of the field cricket Teleogryl-lus oceanicus ’, Behavioral Ecology and Sociobiology, 33, 339–43.

16.Zuk, M., Rotenberry, J. T. & Tinghitella, R. M. (2006), ‘Silent night: Adaptive disappearance of a sexual signal in a parasitized population of field crickets’, Biology Letters, 2, 521–4.

17.Johnston, R. F. & Selander, R. K. (1964), ‘House sparrows: Rapid evo-lution of races in North America’, Science, 144, 548–50; Schrey, A. W. et al. (2011), ‘ Broad- scale latitudinal patterns of genetic diversity among native European and introduced house sparrow (Passer domesticus) populations’, Molecular Ecology, 20, 1133–43; Liebl, A. L. et al. (2015), ‘Invasion genetics: Lessons from a ubiquitous bird, the house sparrow Passer domesticus’, Current Zoology, 61, 465–76; Huey, R. B. et al.(2000), ‘Rapid evolution of a geographic cline in size in an introduced fly’, Science, 287, 308–9; Balanyá, J. et al. (2006), ‘Global genetic change tracks global climate warming in Drosophila subobscura’, Sci-ence, 313, 1773–5.

18.Langkilde, T. (2009), ‘Invasive fire ants alter behavior and morphology of native lizards’, Ecology, 90, 208–17.

19.Some seeds may survive for several years before they germinate, so the total number of generations may be less than the number of years.

20.Montesinos, D., Santiago, G. & Callaway, R. M. (2012), ‘ Neo-allopatry and rapid reproductive isolation’, American Naturalist, 180, 529–33.

21.Feder J. L. (1998), in Howard D. J. & Berlocher S. H. (eds.), Endless Forms: Species and Speciation, New York: Oxford University Press; Feder, J. L. et al. (2003), ‘Evidence for inversion polymorphism related to sympatric host race formation in the apple maggot fly, Rhagoletis pomonella’, Genetics, 163, 939–53.

22.The first apple orchard in North America was planted in 1625, in Bos-ton. However, the evolution of the apple fly is not likely to have commenced until the continent- wide proliferation of apples during the nineteenth century.

23.Forbes, A. A. et al. (2009), ‘Sequential sympatric speciation across trophic levels’, Science, 323, 776–9; Hood, G. R. et al. (2015), ‘Sequen-tial divergence and the multiplicative origin of community diversity’, Proceedings of the National Academy of Sciences USA, 112, E5980–E5989.

24.It is now accepted that one species can sometimes turn into two in the absence of geographic separation of the populations, a process known as sympatric speciation. The frequency of these events is still debated, as well as whether apple flies are quite ‘there’ yet. Berlocher, S. H. & Feder, J.L. (2002), ‘Sympatric speciation in phytophagous insects: Moving beyond controversy?’, Annual Review of Entomology, 47, 773–815.

25.Geneticists do not all agree on the definition of a species: some prefer a definition in which there is (almost) no possibility of successful repro-duction with other species (the apple fly has not yet reached this stage); others consider separate species to be ‘types’ that remain distinct, des-pite some ongoing mating and gene flow between the two (the apple fly has apparently reached this stage).

第 9 章 “冒险家物种”：与远亲接触并杂交

1.Harris, S. A. (2002), ‘Introduction of Oxford ragwort, Senecio squali-dus L. (Asteraceae), to the United Kingdom’, Watsonia, 24, 31–43.

2.Not everyone would count it as a ‘full species’, but it is a self-perpetuating genetic form that no longer interbreeds with its parental species through geographic isolation; Abbott, R. J. et al. (2003), ‘Plant introductions, hybridization and gene flow' , Philosophical Transactions of the Royal Society B, 358, 1123–32; Abbott, R. J. et al. (2009), 'Recent hybrid origin and invasion of the British Isles by a self-i ncompatible species, Oxford ragwort (Senecio squalidus L., Asteraceae)' , Biological Invasions, 11, 1145–58.

3.Lowe, A. J. & Abbott, R. J. (2004), 'Reproductive isolation of a new hybrid species, Senecio eboracensis Abbott & Lowe (Asteraceae)' , Her-edity, 92, 3 86–9 5; Abbott, R. J. & Lowe, A. J. (2004), 'Origins, establishment and evolution of new polyploid species: Senecio cambrensis and S. eboracensis in the British Isles' , Biological Journal of the Linnean Society, 82, 467–74.

4.Abbott, R. J. & Lowe, A. J. (2004), 'Origins, establishment and evolu-tion of new polyploid species: Senecio cambrensis and S. eboracensis in the British Isles' , Biological Journal of the Linnean Society, 82, 467–74; Hegarty, M. J., Abbott, R. J. & Hiscock, S. J. (2012), 'Allopolyploid speciation in action: The origins and evolution of Senecio cambrensis' , in Soltis, P. S. & Soltis, D. E. (eds.), Polyploidy and Genome Evolution, pp. 245–70, Heidelberg: Springer.

5.Ainouche, M. & Gray, A. (2016), 'Invasive Spartina : Lessons and chal-lenges' , Biological Invasions, 18, 2119–22.

6.Thomas, C.D. (2015), 'Rapid acceleration of plant speciation during the Anthropocene' , Trends in Ecology & Evolution, 30, 448–55.

7.This calculation is based on multiplying up the world land surface, excluding ice and deserts. This number should be regarded as an order-of- magnitude estimate.

8.Many of these hybrids are between so- called 'native' species, but many 'native' British plants live where they do only because humans have altered the landscape and transported species for millennia.

9.Milne, R. I. & Abbott, R.J. (2000), 'Origin and evolution of invasive naturalized material of Rhododendron ponticum L. in the British

Isles’ , Molecular Ecology, 9, 541–56.

10.Matsuoka, Y. (2011), ‘Evolution of polyploid Triticum wheats under cultivation: The role of domestication, natural hybridization and allopolyploid speciation in their diversification’ , Plant & Cell Physiology, 52, 750–64.

11.Seijo, G. et al. (2007), ‘Genomic relationships between the cultivated peanut (Arachis hypogaea, Leguminosae) and its close relatives revealed by double GISH’ , American Journal of Botany, 94, 1963–71.

12.Schmidt, R. & Bancroft, I. (eds.) (2011), Genetics and Genomics of the Brassicaceae, New York: Springer- Verlag.

13.Soltis, P. S. & Soltis, D.E. (2009), ‘The role of hybridization in plant speciation’ , Annual Review of Plant Biology, 60, 561–88.

14.Morgan- Richards, M. et al. (2004), ‘Interspecific hybridization among Hieracium species in New Zealand: Evidence from flow cytometry’ , Heredity, 93, 34– 42.

15.Sankararaman, S. et al. (2014), ‘The genomic landscape of Neander-thal ancestry in present- day humans’ , Nature, 507, 354–7.

16.Huerta-S ánchez, E. et al. (2014), ‘Altitude adaptation in Tibetans caused by introgression of Denisovan-l ike DNA’ , Nature, 512, 194–7; Harrison, R. G. & Larson, E.L. (2014), ‘Hybridization, introgression, and the nature of species boundaries’ , Journal of Heredity, 105 (S1), 795–809.

17.Mavárez, J. et al. (2006), ‘Speciation by hybridization in Heliconius butterflies’ , Nature, 441, 868–71; Arias, C.F. et al. (2014), ‘Phylogeog-raphy of Heliconius cydno and its closest relatives: Disentangling their origin and diversification’ , Molecular Ecology, 23, 4137–52; Heliconius Genome Consortium (2012), ‘Butterfly genome reveals promiscuous exchange of mimicry adaptations among species’ , Nature, 487, 94–8; Kozak, K. M. et al. (2015), ‘Multilocus species trees show the recent adaptive radiation of the mimetic Heliconius butterflies' , Systematic Biology, syv007.

18.Pollinger, J.P. et al. (2011), 'A genome- wide perspective on the evolu-tionary history of enigmatic wolf-l ike canids' , Genome Research, 21, 1294–305.

19.Scriber, J.M., & Ording, G.J. (2005), 'Ecological speciation without host plant specialization: Possible origins of a recently described cryptic Papilio species' , Entomologia Experimentalis et Applicata, 115, 247–63; Cong, Q. et al. (2015), 'Tiger swallowtail genome reveals mechanisms for speciation and caterpillar chemical defense' , Cell Reports, 16, 910–19.

20.Amaral, A. R. et al. (2014), 'Hybrid speciation in a marine mammal: The Clymene dolphin (Stenella clymene)' , PlOS ONE, 9, e83645.

21.Miller, W. et al. (2012), 'Polar and brown bear genomes reveal ancient admixture and demographic footprints of past climate change' , Pro-ceedings of the National Academy of Sciences USA, 109, E2382–E2390; Cahill, J. A. et al. (2015), 'Genomic evidence of geographically wide-spread effect of gene flow from polar bears into brown bears' , Molecular Ecology, 24, 1205–17.

22.Gogarten, J. P., Doolittle, W. F. & Lawrence, J.G. (2002), 'Prokaryotic evolution in light of gene transfer' , Molecular Biology and Evolution, 19, 2226–38.

23.Schwarz, D. et al. (2007), 'A novel preference for an invasive plant as a mechanism for animal hybrid speciation' , Evolution, 61, 245–56.

24.Schwarz, D. et al. (2005), 'Host shift to an invasive plant triggers rapid animal hybrid speciation' , Nature, 436, 546–9.

25.Senn, H. V. & Pemberton, J. M. (2009), 'Variable extent of hybridiza-tion between invasive sika (Cervus nippon) and native red deer (C. elaphus) in a small geographical area' , Molecular Ecology, 18, 862–76.

26.http://www. nonnativespecies.org /factsheet/downloadFactsheet. cfm? speciesId=725.

27.Hedrick, P. W. (2009), 'Conservation genetics and North American bison (Bison bison)' , Journal of Heredity, 100, 411–20.

28.Fonseca, F. (2016), 'Grand Canyon weighs killing, capturing bison to cut numbers' , Kansas City Star, 26 February 2016.

29.Plumb, B. et al. (2016), 'Grand Canyon bison nativity, genetics, and ecology: Looking forward' , Natural Resource Report NPS/NRSS/ BRD/ NRR— 2016/1226, Fort Collins, Colorado: US Department of the Interior National Park Service.

30.Soubrier, J. et al. (2016), 'Early cave art and ancient DNA record the origin of European bison' , Nature Communications, 7, 13158.

31.Microbes can be transported as dust- like particles in the air, so a higher proportion of them have nearly global distributions. This would prob-ably always have been the case.

32.Thomas, C.D. (2015), 'Rapid acceleration of plant speciation during the Anthropocene' , Trends in Ecology & Evolution, 30, 448–55.

33.Wikipedia provides five additional suggestions for extinct North Ameri-can higher plants which deserve formal IUCN assessment of their taxonomic status, whether any survive in the wild, and whether any individuals or seeds are available in botanic gardens, seed banks, etc; https://en.wikipedia.org/wiki/List_of_extinct_plants#Americas (accessed 14 October 2016).

第 10 章　人类令大自然“不太自然”了吗?

1.Accepting that some world- views (e.g., animism, Buddhism) take a somewhat more integrated perspective.

2.Darwin, C. & Wallace, A. (1858), ‘On the tendency of species to form varieties; and on the perpetuation of varieties and species by natural means of selection’, Journal of the Proceedings of the Linnean Society of London, Zoology, 3, 45–62; Darwin, C. (1859), On the Origin of Species by Means of Natural Selection, or the preservation of favoured races in the struggle for life, London: John Murray; Darwin, C. (1871), The Descent of Man, and selection in relation to sex, London: John Murray.

3.Others represent humans living in r ose-t inted harmony with nature, usually at some time in the past or far away, serving to emphasize that humans and nature used to be at one, but now we are at loggerheads. This is equally fallacious.

4.Roberts, C. (2007), The Unnatural History of the Sea, London: Gaia/Octopus Publishing; Kolbert, E. (2014), The Sixth Extinction: An Unnatural History, London: Bloomsbury Publishing. Despite my disapproval of ‘unnatural’ in the titles of these two books, they are both wonderfully written and informative accounts of biological losses and changes in the human era.

5.Oxygen depletion normally involves feedback between geological and biological processes.

6.Because of continued mating between closely related species, some of our genes may have separated considerably more than 7 million years ago, and some more recently than 6 million. Wakeley, J. (2008), ‘Com-plex speciation of humans and chimpanzees’, Nature, 452, E3–E4; Langergraber, K. E. et al. (2012), ‘Generation times in wild chimpanzees and gorillas suggest earlier divergence times in great ape and human evo-lution', Proceedings of the National Academy of Sciences USA, 109, 15716–21; Arnold, M. L. et al. (2015), 'Divergence-with- gene- flow – what humans and other mammals got up to', in Reticulate Evolution (pp. 255– 95), Switzerland: Springer International Publishing.

7.Almécija, S., Smaers, J. B. & Jungers, W. L. (2015), 'The evolution of human and ape hand proportions,' Nature Communications, 6, 7717.

8.Love and protection is not engendered by direct genetic recognition, because adopted children also receive love and attention. Similarly, children and other relatives are not loved less if they do not themselves reproduce. Nonetheless, the molecular bases of loving, protecting and provisioning behaviours can have evolved only if, on average, they increase the evolutionary success of individuals bearing those inclina-tions. Offspring also love parents, developing strong bonds that ensure their own survival and eventual reproduction.

9.Alberti, M. et al. (2017), 'Global urban signatures of phenotypic change in animal and plant populations', Proceedings of the National Acad-emy of Sciences USA, 201606034.

10.Ecologists disagree whether there are residual negative impacts of radiation (as opposed to effects of land abandonment) on animal popu-lations in the most radioactive areas of the Chernobyl region but agree that numbers are high in the l ower-r adiation parts of the exclusion zone; Møller, A. P. & Mousseau, T. A. (2013), 'Assessing effects of radi-ation on abundance of mammals and predator–prey interactions in Chernobyl using tracks in the snow', Ecological Indicators, 26, 112–16; Deryabina, T. G. et al. (2015), 'Long- term census data reveal abundant wildlife populations at Chernobyl', Current Biology, 25, R824–R826.

11.If the forest is allowed to develop for several centuries, introduced trees like locust and box elder (which are successfully colonizing previously open areas) are likely to be rarer than at present but to remain part of the tree flora.

12.Werdelin, L. (2013), ‘King of Beasts’, Scientific American, 309, 34–9.

13.Roberts, R. G. et al. (2001), ‘New ages for the last Australian mega-fauna: Continent- wide extinction about 46,000 years ago’, Science, 292, 1888– 92.

14.Many oceanic islands were colonized more recently, but they constitute little of the Earth’s total land area (Madagascar approximately 0.4 per cent, New Zealand approximately 0.2 per cent of the land surface). Impacts in the world’s oceans are generally more recent, but also irre-versible, given the numbers of species that have been moved from one ocean to another.

15.Excluding microbial communities inside the Earth’s crust, beneath the Antarctic ice sheet, or in similar places that are more or less sealed away from human influence.

16.For a hard- hitting and amusing account, I recommend Thompson, K.(2014), Where Do Camels Belong? The Story and Science of Invasive Species, London: Profile Books.

17.When King Canute forbade the tide from coming up the beach, he was allegedly demonstrating that there were events that kings could not pre-vent, rather than the more popular version in which he is represented as stupidly imagining that he might be able to stop the tide.

第 11 章　诺亚地球：我们是居住者更是守护者

1.Villablanca, F. (2010), Monarch Alert Annual Report: Overwintering Population 2009–2010, Cal Poly State University.

2.Millar, C.I. (1998), ‘Reconsidering the conservation of Monterey pine’ , Fremontia, 26 (3), 12–16. I refer colloquially to glacial maximum con-ditions as ‘ice ages’ , even though the entire Pleistocene epoch of alternating colder and warmer periods can be thought of as one extended ice age.

3.Berg, P., ‘Radiata pine’ , Te Ara – The Encyclopedia of New Zealand; http://www.TeAra.govt.nz/en/ radiata- pine (2012 update).

4.Weiss, S.B. (2011), Management Plan for Monarch Grove Sanctuary: Site Assessment and Initial Recommendations, Menlo Park, CA: Creekside Center for Earth Observation.

5.Less the blue gum, which has a larger original distribution than the Monterey pine and is also planted commercially in Australia.

6.This could threaten some species in the South African fynbos, parts of which are being changed by introduced trees. In such a situation, con-trolling invading trees may be desirable (to save species, rather than to keep the vegetation unaltered) as a holding plan, while working on a l ong-t erm solution, such as biocontrol (releasing insects, fungi and pathogens) to reduce the vigour or reproduction of the invading trees.

7.Smith, S. E. et al. (2013), ‘The past, present and potential future distri-butions of cold- adapted bird species’ , Diversity & Distributions, 19, 352–62.

8.Bennett, K.D., Tzedakis, P. C. & Willis, K. J. (1991), ‘Quaternary refu-gia of north European trees’ , Journal of Biogeography, 18, 103–115; Tzedakis, P. C. et al. (2002), ‘Buffered tree population changes in a Qua-ternary refugium: Evolutionary implications’ , Science, 297, 2044–7.

9.Early, R. & Sax, D. F. (2014), ‘Climatic niche shifts between species’ native and naturalized ranges raise concern for ecological forecasts during invasions and climate change’ , Global Ecology & Biogeogra-phy, 23, 1356–65.

10.Roberts, C. (2007), The Unnatural History of the Sea, London: Gaia/Octopus Publishing.

11.This applies particularly to lesser short- tailed bats, given that there may be a great deal to learn (of potential use to humans) about their take- off mechanics and mode of s quirming-c rawling movement across the ground.

12.Biodiversity refers to genetic, ecosystem (habitat) and species levels of diversity. Since no one has much information about the genetic diversity of most wild species, this usually ends up being an account of the spe-cies and habitats in each country.

13.I am referring to ‘genes’ in a colloquial sense, meaning unique alleles, or any other form of genetic variation.

14.Gibson, L. G. & Yong, D. L. (2017), ‘Saving two birds with one stone: Solving the quandary of introduced, threatened species’, Frontiers in Ecology and the Environment, DOI: 10.1002/fee.1449.

15.Donlan, C. J. et al. (2006), ‘Pleistocene rewilding: An optimistic agenda for twenty- first- century conservation’, American Naturalist, 168, 660–81.

后记 100 万年以后的世界……

1.Ocean acidification and the possibility that deoxygenation might become widespread could generate a different outcome in the oceans.

2.The rate of bird extinction since the year 1900 has been 132 species lost per ‘million species years’; Pimm, S. L. et al. (2014), ‘The biodiversity of species and their rates of extinction, distribution, and protec-tion’, Science, 344, p.1246752. This is the number of species that would go extinct in a year if there were a million species (or the number that would go extinct if we observed a thousand species for a thousand years). If the existing approximately 10,500 bird species show this level of extinction for the next thousand years, then we can expect approximately a further 12 per cent of species to become extinct. Pimm et al. quote a hundred species becoming extinct per 'million species years' as an approximate estimate of documented extinction across several taxonomic groups.

3.The IUCN Red List of Threatened Species summary statistics; http://www.iucnredlist.org/about/ summary- statistics#How_many_threatened, accessed 1 January 2017.

4.Local diversity (per square metre) has declined in fields with intensive agriculture and where the land is covered in concrete. This is desirable because we must live somewhere and it is essential to feed the world population, which is done most efficiently in relatively weed- and pest- free crops. However, it is the number of species per region that is likely to drive evolutionary diversification. On this scale, diversity is increasing.

5.Moyle, R. G. et al. (2009), 'Explosive Pleistocene diversification and hem-ispheric expansion of a "great speciator"', Proceedings of the National Academy of Sciences USA, 106, 1863–8.